現代数学への招待

多様体とは何か

志賀浩二

筑摩書房

はしがき

　本書では，多様体という主題を中心におきながら，現代数学の流れと，その流れの淵に深い影を落しているような，数学の意味についてかいてみようと思う．数学の流れは，私たち数学を学ぶ者の日々の研究の中には，その流れゆく姿を示すような形では決して現われてこない．しかし，ふり返って，私自身，学生の頃学んでいた数学を思い，当時夢みていた数学のことを思い出してみると，現在の数学の視点とは，まことにほど遠いものがあって，この間の過ぎ去った時の流れを思っているうちに，数学の流れゆく音も聞きわけることができるような気がしてくるのである．

　1950 年以降の数学の急速な発展は，驚くべきものがあって，それまでの数学観を一変させてしまったような感さえ抱かせる．この変革の底流には，20 世紀前半の数学の中に徐々に育成されてきた，数学に対する新しい自覚と，その自覚を支えるにたる広い大きな表現の場が，存在していたのだと考えられる．多様体は，このような表現の場として，数学の中にはっきりとした形をとって登場してきた．

広い意味でいうならば，現代数学のほとんどすべては，多様体の上で展開しているといっても，過言ではないだろう．

しかし多様体とは一体何であろうか．この問いは，むしろ多様体を学んでいる者にとって難問のようである．なぜなら，多様体の定義は簡明であるが，定義を見ている限り，多様体の，場としてのはたらく力を，そこから読みとることは難しいからである．たぶん，この多様体という場の上に，現代数学が展開していくようになるためには，それはそれなりの必然性と，深い意味があったからに違いない．この意味を明らかにしない限り，多様体は，その本来の姿を現わさないのではなかろうか．

数学の専門書では，数学の意味にまで立ち入ることは，主観の介在してくることもあって，できるだけこれを避けようとするのが常である．しかし本書は，専門書とは性格を異にしている．執筆に当って，私は，現代数学の意味を積極的に問う道を選んでみようと思った．この道を進んで行く過程で，多様体のもつ深い意味は，自ら明らかになってくるのではなかろうか．またこの仕事の意義が明快なものならば，すべては平明に述べられるべきものであろうと考えた．

したがって，本書は，現代数学の体系にしたがって構成されてもいないし，また歴史的順序に沿うようにもかかれてはいない．現代数学を通例のように解説する意図は，む

しろはじめからなかったといってよいのである．ここで試みようとしたことは，現代数学のふつうのテキストには記載もされていないし，数学者の意識の中においても，ふだんは深くひそんでいるようなものを，私なりに取り出して，述べてみることであった．そのような試みを支える基調は，多様体の理論を支える概念の中にある．

そうすることによって，本書を通して私の果たしたかったささやかな希望は，数学者の心の中にある，数学を学び，数学の姿を知る楽しみを，読者とともに，分かちあいたいということであった．

さて，私は，読者をどこまで現代数学の世界へ招待できるであろうか．

1979 年 5 月

志 賀 浩 二

目　次

はしがき …………………………………………………… 3

第1章　自由な世界へ …………………………………… 11

1. 実数から高次元の世界へ ……………………… 11
2. 球面を中心として ……………………………… 32
3. 座標について …………………………………… 65

第2章　近さの場（位相空間） ………………………… 83

1. 距離の概念 ……………………………………… 83
2. 近さの概念 ……………………………………… 96
3. 位相空間から実数へ向けて …………………… 107
4. 位相多様体 ……………………………………… 123

第3章　微分について …………………………………… 141

1. 微分の意味 ……………………………………… 141
2. 変数の多い場合 ………………………………… 158
3. 写像と微分 ……………………………………… 168

第4章　滑らかな場（多様体） ………………………… 187

1. 微分性を保つ写像 ……………………………… 187
2. 多様体の定義 …………………………………… 197
3. 多様体の例 ……………………………………… 217
4. 多様体の実現 …………………………………… 230

第5章　動き行く場 ……………………………………… 249

1. 微分すること …………………………………… 249

2. 接空間から接束へ …………………………… 265
　3. 接束からベクトル束へ …………………………… 276

あとがき …………………………………………………… 297
文庫版あとがき …………………………………………… 300

現代数学への招待

多様体とは何か

第1章 自由な世界へ

1. 実数から高次元の世界へ

数には,自然数

$$1, 2, 3, 4, \cdots$$

や,整数

$$\cdots, -3, -2, -1, 0, 1, 2, 3, \cdots$$

がある.日常生活で,ものを数えたり,2つの数を加えたり,引いたりする場合には,整数で間にあう場合が多いのだが,四則演算(加減乗除)を問題とするようになってくると,たとえば7は4で割りきれないというようなことがおきてきて,整数の中だけで考えるのは不便であるということになってくる.四則演算が自由にできるようにするためには,数の世界を有理数にまで広げておく必要がある.有理数というのは,2つの整数の比 $p:q$ $(q \neq 0)$ として表わされる数であって,それを分数の形で p/q と書く.2つの有理数は,加えても,引いても,かけても,割っても(ただし割る数は0でない)有理数だから,その意味で,有理数は四則演算に関して閉じている世界を形づくっている.

しかし,私たちがこの本で取り扱おうとしている多様体

は，有理数の土壌から育ってきたわけではなく，有理数よりもっと広い実数の土壌から育ってきた概念である．

実数は，私たちが時間を測ったり，長さを測ったりするとき，いつも現われてくる数である．有理数も，$\sqrt{2}$ も，円周率 π もすべて実数である．たとえば $\sqrt{2}$ は，1辺の長さが1の正方形の対角線の長さとして現われる．私たちは，1本の糸をどんなところで切っても，切った糸は必ずある長さをもっているし，この長さはある数で（単位をセンチメートルと決めておけば，何センチメートルというように）いい表わすことができると考えている．ここには疑うことは1つもないようにみえるけれども，もう少し立ち入ってこのことを考えてみることにしよう．

ふつうの物差しではミリの単位しかないから，物差しを使って測ってみても，糸の長さは実はあまり正確には測られていない．たとえば図1のような場合には，正しいいい方では，糸の長さは 5.3 cm と 5.4 cm の間にあるといういい方になる．もっと精密な測定をすれば，糸の長さは 5.34 cm と 5.35 cm の間にあるというようなことがわかってくるだろう．このことは糸の長さを l cm とすれば

$$5.34 < l < 5.35$$

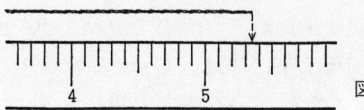

図1

であることを示している．さらにくわしく測れば
$$5.346 < l < 5.347$$
というようなこともわかってくるかもしれない．私たちの感じでは，精密な測定はどこまででも続けられるし（実際は，測定の幅が原子の大きさよりどんどん小さくなってくると，そのようなことが可能かどうか問題となるが），そのたびに，測定値は一歩一歩正しい値に近づいて，たとえば
$$5.3465\cdots27 < l < 5.3465\cdots28$$
のように測られていくものと思っている．

私たちが糸が長さをもつと考えるのは，このような操作を限りなく続けていけば，遂には1つの数に出会うだろうという考えによっている．実際は限りなく測り続けていくことは不可能だから，このような数に出会うという保証は，私たちの観念の世界の中でしか得られないことである．だが，そのような長さがあるという前提のもとで，精密な測定をくり返していけば，その過程で得られた値は，存在すると考えていた長さの，しだいによい近似値を与えていくということになってくるだろう．

このことは数の世界で一般的にいえば，次のことに対応している．'有限小数の増加列と減少列
$$r_1 \leq r_2 \leq r_3 \leq \cdots \leq r_n \leq \cdots,$$
$$\cdots \leq r_n' \leq \cdots \leq r_3' \leq r_2' \leq r_1'$$
（前の例では
$$5.3 < 5.34 < 5.346 < \cdots \quad と \quad \cdots < 5.347 < 5.35 < 5.4)$$

があって，n が大きくなるとき，$r_n'-r_n$ はどんどん小さくなるとする；そのとき必ずある数 l がただ 1 つ存在して
$$r_1 \leqq r_2 \leqq r_3 \leqq \cdots \leqq l \leqq \cdots \leqq r_3' \leqq r_2' \leqq r_1'$$
をみたすようになっている'．実数は，ちょうどここのような l の存在を保証するような数の世界となっている．このように構成された実数は，有理数のほかに
$$5.3465\cdots 27\cdots$$
のような無限小数全体を含んでいる数の集まりとなっている．ここでは実数論に立ち入るつもりはないから，実数の概念についてはこれ以上は述べないが，もし私たちが有理数しか知らなかったとするならば，1 辺の長さが 1 の正方形の対角線を，どんどん精密に測っていくと，
$$1, 1.4, 1.41, 1.414, 1.4142, \cdots$$
のような順次精度がよくなっていく近似値の系列は得られるだろうが，究極の求める正確な長さ（それは実は無理数 $\sqrt{2}$ であるが）はどこにも存在しない，ということになっただろう．実数は，いわば，有理数によってある量をどんどん近似していったとき，その近似していく究極の '果て' が存在することを保証する世界である．

　実数は，よく知られているように，数直線上の点として表わされる．すなわち直線 L と L 上に 2 点 O, A をとり（A はふつうは O の右にとる），O に 0，A に 1 と目盛をつけておく．そうすると，ふつうの物差しに目盛をつけるのと同じようにして，O から右に測って，線分 $\overline{OA}$ の 2 倍の

図2

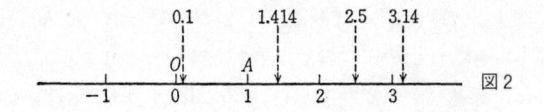

場所にある点に2, 3倍の場所にある点に3というように目盛をつけていくことにより, 自然数を目盛る点が決まってくる. 同じように, Oから左に測った点は負の数を表わすとしておくと, 整数の目盛が決まる. 有理数p/q（分母qは正としてよい）を目盛にもつ点は, 目盛pをもつ点をPとし, 線分$\overline{OP}$をq等分した最初の点Qであると約束する：$\overline{OP}=q\cdot\overline{OQ}$. このようにして有理数の目盛をもつ点が決まり, したがってどんな有理数も, その目盛をもつ点を考えることにより, 直線L上の1つの点で表わされることになる（図2）.

さて, ここで糸の長さを測る, 前の説明を思いおこそう. ここでは糸は, 抽象的な直線という概念におきかわってくる. 長さを測るということは, 直線Lの点に目盛をつけるということになってくる. 切り取られたどんな糸にも必ず長さがあるという私たちの疑いようもないような感じは, 有理数で目盛をつけられた直線L上の点の列が, どこかに近づくようになっていれば, その'果て'（極限！）に現われる直線上の点は, 有理数の極限である実数で目盛がつけられているといういい方で述べられることになるだろう. このような直観的な認識を背景としながら, 私たちは, 直

線 L 上の点はすべて実数で目盛がつけられ，どんな実数も，逆に L 上の1つの点を表わしていると考える．たとえば，実数 $\sqrt{2}$ を表わす点は，L 上で 1.4, 1.41, 1.414, … と目盛をつけられた点列が近づく点として与えられている．

このようにして得られた直線を，**数直線**という．数直線上の点に目盛として与えられている実数を，その点の座標という．実数は座標を通して数直線上の点として表現されている．

実数と，直線上の点の認識とは，私たちの直観の中で互いにわかつことのできぬほど密接に結ばれている．この2つの認識の結びつきを与えている場所を探し求めていくと，私たちは時間，空間の先験的認識というところに辿りつくのかもしれない．しかし，数直線という幾何学的なものが介入してくることを望まないならば，数直線の考えなしでも実数論は可能である．純粋に論理的な立場に立てば，数直線上の表現を用いなくとも，実数に関係することは，実数という抽象的な数の体系の中だけでもちろん述べることはできる．たとえば微積分や，より広く解析学でも，そのようなことは可能である．だがそうはいっても，たとえば，数直線上を動いていく点の模様を数学的に記述しようとする場合，数直線という表現を切り離し，時間を示す実数 t に，動点の位置を表わす実数 x が決まるとだけ考えて，幾何学的イメージをそこで完全に取りさるならば，私たちはきっと2つの変化する実数 t と x だけを眺め

て途方にくれることだろう．

　実際，まったく抽象的な実数の集まりを完全に把握することなど不可能なことかもしれない．確かなことは，実数は，数直線上への表現という形式を通して，私たちの中に，紛れようもないような明確な形で，しっかりと捉えられているということである．私たちの幾何学的直観，あるいは創造への動機は，この表現を媒介としながら，実数の中でいきいきとはたらき出してくる．

　さてこのような実数および数直線に関する認識を背景とした上で，数直線上を時間tとともに動く点Pを考えることからはじめよう．Pの座標をxとする．点Pの動きは，xがtによって変化するという関係によって記述される．すなわち

(1) $$x = x(t)$$

と表わされる．たとえば，tが1のときは1，tが2のときは4，tが3のときは9，一般にtがkのときk^2の場所にあるように動く点Pは

$$x = t^2$$

と表わされる．したがって(1)の関数$x(t)$は，この場合t^2である．

　動点Pが

(2) $$x = \cos 2\pi t$$

図3

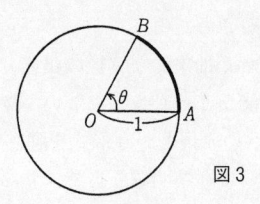

で表わされる動き方をする場合を考えよう．角度の単位はここでは弧度を採用している．**弧度**とは，図3で角 θ を測る測り方として，O を中心とする半径1の円を描いておき，角 θ がこの円を切る弧の長さ $\overgroup{AB}$ を，θ の大きさとして採用したものである．ただし，θ が $\overline{OA}$ から時計の針の進む方向に回ったときには，弧長にマイナスをつける．半径1の円周の長さは 2π だから，360°は弧度では 2π であり，その1/4である90°は弧度では $\pi/2$ である．したがって(2)における t と x の関係は，

t	$\cdots$	-2	$\cdots$	-1	$-\frac{3}{4}$	$-\frac{1}{2}$	$-\frac{1}{4}$	0	$\frac{1}{4}$	$\frac{1}{2}$	$\frac{3}{4}$	1	$\cdots$	2	$\cdots$
x	$\cdots$	1	$\cdots$	1	0	-1	0	1	0	-1	0	1	$\cdots$	1	$\cdots$

のようになっている．

実際は，P の動きは，座標平面上の原点を中心とする半径1の円周上を，単位時間で等速に，時計の針と逆向きに1周している動点 P' の x 軸上への正射影として実現されている．P は，円周上の点 P' の動きにつれて，数直線上の

図 4

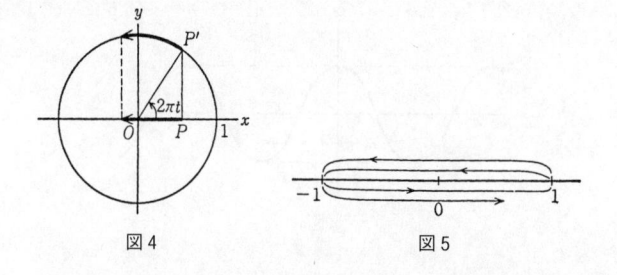

図 5

1と -1 の間を行ったりきたりしている（図4）．P の動きを表わす一番てっとり早い表わし方は，図5のような表わし方であろう．しかしこのような表示では，P がどのあたりで速く動き，どのあたりでおそく動いているかというような変化の模様は示されていない．図4を少し注意深く見てみると，P は1と -1 のあたりでは比較的ゆっくり，O の近くでは（P' が平坦に近い部分を動いているので）比較的速く動いていることがわかる．この動きを正確に知るためには座標平面上で

$$x = \cos 2\pi t$$

のグラフを書いてみるとよい．このグラフはよく知られているように，図6のようになっている．時間の流れは横軸で示され，動点 P の動きは縦軸上の -1 から1までの間で示されている．時間が t_0 のとき P がどこにいるかは，図6のような対応で図示されている．

あるいはもう少しわかりやすく，図7のように，各 t の

図6

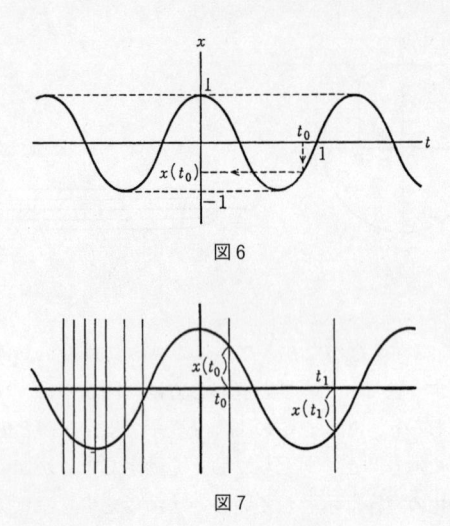

図7

ところに垂直方向に数直線が引かれていて,動点 P の位置はその垂直方向の数直線上の目盛で測られていると考えてもよい.このような表わし方は,時間 t の流れを川の流れにたとえてみれば,動点 P の位置は,その時間における川の深さを示していると考えていることになり,$t=t_0$ のときの深さを,そこに立てられている水深計で読みとっているというようなことになっている.

数直線上を動く点 P が1個のときには,このように P の動きは,関数 $x(t)$(いまの場合は $\cos 2\pi t$)の挙動を調べることによって完全に知ることができるから,微積分の枠

の中で取り扱うことができる．ひとことでいえば，関数 $x=x(t)$ のグラフの性質がわかればよい．ところが1個の点ではなく，数直線上を相互に関係を保ちながら動く多くの点の状況を調べるということが問題になってくると，これはそのような簡単なことではすまなくなってくる．たとえば，テニスをしている2人 P, Q を，横の方向から投影してみると，P, Q は数直線上の2つの動点 P', Q' として投影されてくる．P, Q の相互に関係する活発な動きは，動点 P', Q' の複雑な動きとなって反映してくるだろう（図8）．同じことをサッカーの試合で考えれば，それぞれの11人の選手合わせて22人が，数直線上に22個の点として投影され，あわただしい複雑な動きを展開することになってくる．このような場合の数学的な取り扱いはどのようにしたらよいのだろうか．

サッカーのような場合を調べるのは，あまりにも動きが複雑すぎて，実際のところ，数学的取り扱いなどできそうにない．互いの関係が明確に示されているような，もっ

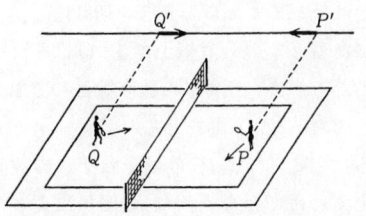

図8

と簡単な場合をまず考えよう.

数直線上の2つの動点P, Qがあって,Pの座標をx,Qの座標をyとすると,PとQとは

(3) $$x = \cos 2\pi t, \quad y = \sin 2\pi t$$

で示されるような関係で動いているとする.この場合,PとQは全く独立に動いているわけではなく,

(4) $$x^2 + y^2 = 1$$

という関係を保ちながら動いている.時間tのときのx, yの値はたとえば次のようになっている.

t	$\cdots$	$-\dfrac{1}{4}$	$-\dfrac{1}{8}$	0	$\dfrac{1}{8}$	$\dfrac{1}{4}$	$\dfrac{3}{8}$	$\dfrac{1}{2}$	$\cdots$	1	$\cdots$
x	$\cdots$	0	$\dfrac{1}{\sqrt{2}}$	1	$\dfrac{1}{\sqrt{2}}$	0	$-\dfrac{1}{\sqrt{2}}$	-1	$\cdots$	1	$\cdots$
y	$\cdots$	-1	$-\dfrac{1}{\sqrt{2}}$	0	$\dfrac{1}{\sqrt{2}}$	1	$\dfrac{1}{\sqrt{2}}$	0	$\cdots$	0	$\cdots$

この2点の動きを数直線上だけに注目して追跡してみるという考えは,直観的にも,2点を同時に追うということは至難のことだから,あまり適切であるとはいえないだろう.ここではひとまず2点の動きを切り離し,平面上の独立な方向にある2本の数直線上でP, Qはそれぞれ動いていると考えた方がよい.2本の数直線としてふつうは平面上の直交座標のx軸,y軸をとる(図9).しかしこのようにかいてみたところで,P, Qはそれぞれの数直線上で独立に動き出すわけではなく,(4)の関係によって互いに結

図9　図10

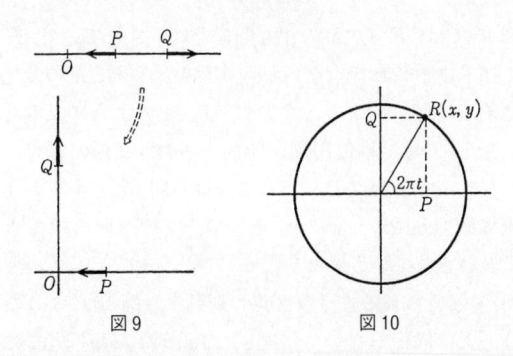

ばれている．したがって，図9で，単にx軸上の座標xをもつ点Pと，y軸上の座標yをもつ点Qが与えられただけと見るより，それによって平面上の座標(x, y)をもつ点$R(x, y)$も与えられたと考える方がよい．点Rは$x^2+y^2=1$をみたす曲線上，すなわち原点を中心とする半径1の円周上にある．この円周がPとQが相互に関連して動く関係，いわば'束縛条件'を図で示したものとなっている．RとP, Qの関係は図10で示されている．時間tとともにP, Qが互いに関係しながら動くという状況は，Rが'束縛条件'をみたしながら（今の場合は単位円周上を）動くという状況に対応している．(3)から容易に，Rは単位円周上を，時計の針の進む向きとは逆向きに，単位時間に1周するように等速に回っていることがわかる．2点P, Qの動きは，等速円運動している点Rをx軸，y軸へ正射影して得られる点の動きとして把握される．

図10では，P, Q, R の相互関係だけ示されていて，R の動く様子は示されていないが，図7にならって R の変化する様子まで図示しようとすれば，図11のようになるだろう．図11では，単位円周が時間を表わす t 軸の各点に与えられていて，動点 R は，ここでは時間 t とともに変化する座標 $(t, \cos 2\pi t, \sin 2\pi t)$ をもつ，座標空間の中の点として表わされている．

(3)で与えられるような2点の運動を，図10のような表わし方では満足しないで，図11のような表わし方までするのは大げさなことだと思われるかもしれない．しかし，(3)はたまたま等速円運動を表わしていたから，図10に多少の説明をつけ加えれば，その運動の模様がわかったのである．(3)のかわりに，その座標が

$$x = \cos 2\pi t^2, \quad y = \sin 2\pi t^2$$

で与えられるような数直線上の2点 P, Q の動きを，前の

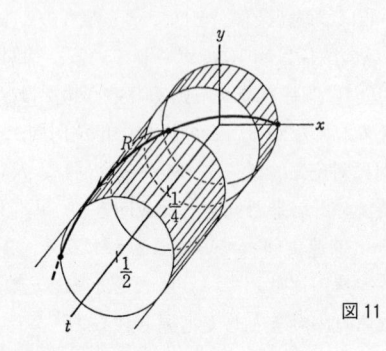

図11

ように表示しようとすると，束縛条件(4)はこの場合も同じであるが，円周上の点 $R(x, y)$ は，等速円運動ではなく，時間 t が大きくなってくるとしだいしだいに速く回る円運動となってくる．たとえば，t が 0 から出発したとき，最初の 1 周に要する時間は 1 であるが，次の 1 周に要する時間は $\sqrt{2}-1=0.41\cdots$ であり，その次の 1 周に要する時間は $\sqrt{3}-\sqrt{2}=0.31\cdots$ である．この R の動きをできるだけよくわかるように表示しようとすれば，図 11 に対応するような描き方が必要となってくるだろう．

同じような考え方をすれば，テニスをしている 2 人の動きを数直線上に投影して得られる 2 つの動点 P', Q' の動きは，平面上の動点 $R(x(t), y(t))$ の動きとして捉えられることになる．平面上の点 R は，時間とともに，複雑な平面曲線を描いていくことになるだろう（図 12）．

次に，数直線上の 3 個の点 P_1, P_2, P_3 が，それぞれの座標が

$$x_1 = x_1(t), \quad x_2 = x_2(t), \quad x_3 = x_3(t)$$

で表わされるような関係で，時間 t とともに動く場合を考えよう．これらの点の動きは，今度は 3 次元空間の中の動点

$$R = (x_1(t), x_2(t), x_3(t))$$

の動きとして把握されてくる．もし P_1, P_2, P_3 が

(5) $$x_1^2 + x_2^2 + x_3^2 = 1$$

という相互の関係を保ちながら動いているとすれば，この

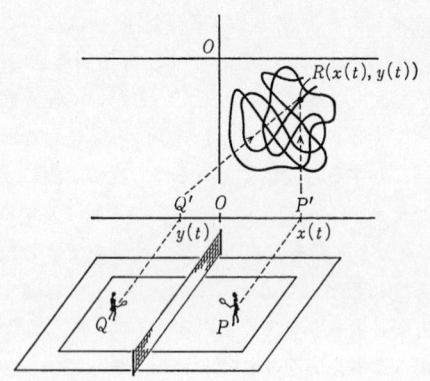

図12

関係は，座標空間上の原点を中心，半径が1の球面として表示され，P_1, P_2, P_3 がこの関係を保ちながら動いているという状況は，点 R が，この球面の上だけを動いているという状況となって反映してくるだろう．言葉をかえていえば，束縛条件 (5) をみたしながら動く，数直線上の3点の動きを表象する世界は，2次元の球面である（図13）．

3点 P_1, P_2, P_3 の相互関係が複雑になれば，たとえば $x_1{}^3 + x_2{}^4 + x_1 x_3{}^6 = 1$ のように与えられてくるようになると，それを表象する座標空間の中の'曲面'はますます複雑な形となってくるだろう．しかし，束縛条件が多くなってくると，今度は逆に P_1, P_2, P_3 が数直線上をあまり勝手に動けなくなり，いわば行動の自由が制限されて，かえって動きが簡単に表わされる場合もある．たとえば，P_1, P_2, P_3

図13

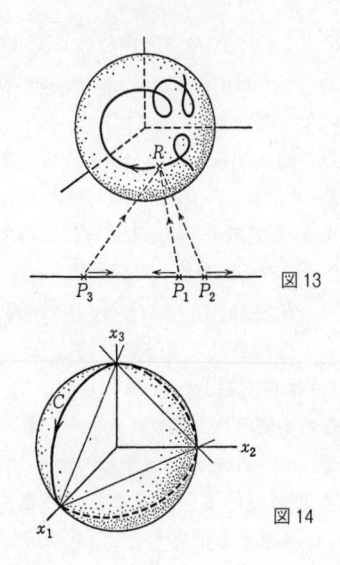

図14

が，(5)のほかに

(6) $$x_1+x_2+x_3 = 1$$

もみたしながら動いているとすると，(6)をみたす座標空間の点 (x_1, x_2, x_3) は，x_1 軸，x_2 軸，x_3 軸をそれぞれ1で切る平面として表わされているから，動点 R は，球面とこの平面の上に同時に乗っていなければならない．このことは，R は，(5)で表わされる球面と(6)で表わされる平面の交りの上でしか動けないことを意味する．この交りは円周 C で与えられる（図14）．したがって，P_1, P_2, P_3 の動き

は，円周 C 上を動く点 R の動きとして表現されるが，それは点が球面の上を自由に動く場合にくらべれば，ずっと簡単な状況になっている．

3個の点の動きからさらに一歩進んで，数直線上を動く4個の点 P_1, P_2, P_3, P_4 の動きを問題としようとすると，こんどは4次元の空間を考えるようになってきて，この動きは'4次元'のなかの点
$$R = (x_1(t), x_2(t), x_3(t), x_4(t))$$
の動きとして表現されてくることになる．ここで $x_i(t)$ ($i=1, 2, 3, 4$) は数直線上の点 P_i ($i=1, 2, 3, 4$) の座標である．もしこの4個の点が条件
$$(7) \qquad x_1^2 + x_2^2 + x_3^2 + x_4^2 = 1$$
をみたしながら動いているとすれば，私たちは動点 P_1, P_2, P_3, P_4 を表象する世界として，4次元空間の中にある3次元球面（その意味するものはまだ明確ではないとしても）を採用していくことになるだろう．これはどんな世界なのだろうか．

私たちが，ごく直観的に，頭の中に数直線上を動く3個の点と4個の点を思い浮かべてみると，この2つの場合の点の動き方はまったく異なった様相を示していると考えるだろう．たとえば，芝生の上を走りまわっている3人の子供と，4人の子供の動きを数直線上に投影したものを想像してみるとよい．このことは，それぞれに束縛条件(5)と(7)を附したとしても，やはり同じ感じである．すなわち，

(5)をみたしながら動く3個の点の動きがわかったからといって，(7)をみたしながら動く4個の点の動きを推察してみるわけにはいかないだろうという感じを抱く．このことは，それぞれの動きを表象する世界，2次元球面と3次元球面との間にも，数学的に見てある本質的な違いが現われてくることを意味しているに違いない．私たちは2次元球面 $x_1^2+x_2^2+x_3^2=1$ も3次元球面 $x_1^2+x_2^2+x_3^2+x_4^2=1$ も，単に変数が1つ増えたか，減ったかだけで，そこに本質的な違いを見つけるようなわけにはいかないだろうと，ふつうは思っている．だが，いま述べたことからもわかるように，そのように思うことの方が，むしろ私たちの直観に反している．3次元球面には2次元球面になかったような別の新しい性質，それはたぶん幾何学的な性質として述べられるようなものがあるに違いない．このことについては，次節でもっと詳しく述べることにしよう．

もし私たちがさらに一般の状況，すなわち，数直線上を動く k 個の点 P_1, P_2, $\cdots$, P_k の動きを調べようとすると，私たちは必然的に k 次元の世界へと導かれていくことになるだろう．たとえば，サッカーの試合中，グランド上を走りまわる選手たちの数直線上に投影された動きは，原理的には22次元の空間の中で捉えられてくることになるだろう．これら k 個の点を互いに結ぶ相互関係は，k 次元空間の中のある'曲面'として表現され，k 個の点がこの関係を保ちながら数直線上を動く模様は，k 次元空間の中の

点が，この曲面上を動くという形で表現されてくるだろう．このような場所で展開される数学の世界とはどんなものであろうか．

実際は，数直線上の点の動きだけではなく，たとえば円周上を動くいくつかの点の動きとか，球面上を動くいくつかの点の動きも問題となってくる．天球上を動く夜空の星の動きなどは，そのような例を与えるだろう．

このような場合の簡単な例として円周 C 上を動く2つの点 $P_1(t)$, $P_2(t)$ の動きを問題としてみよう．前と同じように考えれば，この2点の動きは，動点

(8)
$$R(t) = (P_1(t), P_2(t))$$

として表わされる．そうはかいてみても，$R(t)$ は一体どこの点と考えたらよいのだろうか．$R(t)$ は実はドーナツ面上を動く点であると考えることができる．実際ドーナツ面上に，図15のように2つの円周 C_1, C_2（区別するため

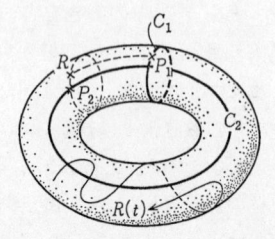

図15 R は C_1 上の '座標' P_1 と C_2 上の '座標' P_2 で表わされている．

に，単に円周 C とはかかなかった）を描いてみると，この C_1, C_2 を'座標軸'として用いることにより，ドーナツ面上の点はただ1通りに，円周上の2つの点の組としてかき表わされる．したがって，(8)で表わされた点 $R(t)$ はドーナツ面上を動いていると考えることができる．

そのことからまた，円周上を動く k 個の点の動きを調べることは，'k 次元ドーナツ面'上を動く点を調べていくということになってくるだろうと推察される．

数直線上を動く点の考察から出発して，私たちは，高次元の世界をしだいに身近に感ずるようになってきた．現代数学では高次元の世界を積極的に取り扱うが，そのことをいうと，とかく，現代数学は現実から離れた抽象の世界に遊んでいると思われがちである．そのような面もあるであろうが，一方では，数直線が存在すると認識させると同じ力が，高次元の世界をもまた認識させている．数直線が決して抽象的なものではなく，具象的なものであるというならば，その上を動く k 個の動点も同じ視点で捉えられ，したがってまた高次元の世界も，何かから抽象されたというものではなく，具象的なものとして存在していると考えられてくるだろう．そしてその世界へ，実在世界の多様性が表現されていくことになる．

このような高次元への認識を背景としながら，多様体という現代数学の場が展開してくるのであるが，その主題を語るのはもう少し先のこととなる．

2. 球面を中心として

数直線上の点は座標 x で表わされるが，平面上の点は，直交座標をとっておくと，2つの実数の組 (x_1, x_2) で表わされる．(x_1, x_2) と (x_2, x_1) とは，$x_1 \neq x_2$ のとき別の点を表わすから，単に実数の組 (x_1, x_2) といういい方に不明確さがあるとすれば，第1座標が x_1，第2座標が x_2 であるように'順序づけられた実数の組' (x_1, x_2) により，平面上の点が表わされるといった方がよい．空間の場合も同様に，直交座標をとっておくと，空間の点は，順序づけられた3つの実数の組 (x_1, x_2, x_3) で表わされる（図16）．

数直線上の2点 P と Q の距離は，それぞれの座標 x, y を用いることにより，x と y の差の絶対値 $|x-y|$ と表わされる．数直線上の点列 P_n ($n=1, 2, \cdots$) が Q に近づくということは，この距離を用いて，P_n と Q との距離がどんどん小さくなるということで定義できる．

平面，または空間でも，座標を導入しておけば，点列 P_n ($n=1, 2, \cdots$) が Q に近づくという概念は同様に定義され

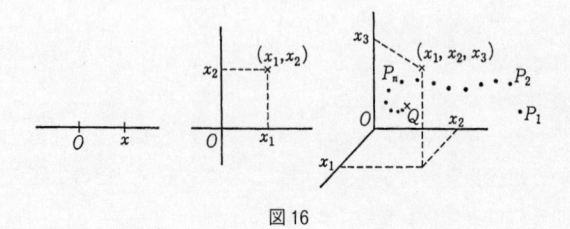

図16

る．たとえば空間の場合でいえば，座標 $(x_1^{(n)}, x_2^{(n)}, x_3^{(n)})$ をもつ点列 P_n が，座標 (y_1, y_2, y_3) をもつ点 Q に近づくということは，

$$x_1^{(n)} \longrightarrow y_1, \quad x_2^{(n)} \longrightarrow y_2, \quad x_3^{(n)} \longrightarrow y_3 \quad (n \to \infty)$$

として定義する．あるいは，P_n と Q の距離を

$$\sqrt{(x_1^{(n)}-y_1)^2+(x_2^{(n)}-y_2)^2+(x_3^{(n)}-y_3)^2}$$

で与えておいて，この距離がどんどん小さくなるときといっても同じことである．この定義は，直観的にも，P_n が Q に近づくという感じを表わしている．

私たちは，同じように，順序づけられた k 個の実数の組 $(x_1, x_2, \cdots, x_k)$ の集まりを考えることができる．この集合を $\boldsymbol{R}^k$ とおこう．$\boldsymbol{R}^k$ を **k 次元実空間**という．$\boldsymbol{R}^k$ の元を点といい，点 $x=(x_1, x_2, \cdots, x_k)$ に対して，x_i を x の i 座標という．$\boldsymbol{R}^k$ の中にも，点列 P_n $(n=1, 2, \cdots)$ がある点 Q に近づくという概念を，P_n の各座標が，Q の対応する座標へとどんどん近づいていくこととして導入することができる．$\boldsymbol{R}^k$ の距離については次章で述べよう．

また便宜上，0次元の実空間も定義しておいた方が便利なこともある．0次元の実空間とは1点からなっていると定義する．そしてその点の座標は0であるとしたものである．しかし私たちはふつう，$\boldsymbol{R}^k$ とかいたときには，$k=1$, 2, 3, … の場合を考えることにしよう．

空間 $\boldsymbol{R}^k$ は，k が4より大きい場合には，目に見えるような形で具体的に表示するわけにはいかないが，$k=1$, 2,

3の場合には、図16のように、R^1 は数直線として、R^2 は座標平面として、R^3 は座標空間として表示することができる。高次元の空間 R^k を考えようとするときにも、私たちは、この目に見える'低次元'の世界を手がかりとしながら少しずつ進んでいくことになる。

多少わき道に入るかもしれないが、ここで少し次元に関して注意を与えておこう。微積分や線形代数を知っている読者は、k 次元空間 R^k のことなどごくふつうに取り扱われているから、特に取り立てていうほどのことはないのではないかと思われるかもしれない。実際、微積分で2変数関数の偏微分や重積分の議論は、R^2 上で定義された関数の解析的な演算に関する性質を明らかにするという考えによっており、そのほとんどの議論は、変数を形式的に増すことにより、k 変数の、したがって R^k 上で定義された関数の場合にも適用される。また線形代数で、k 個の未知数に関する1次連立方程式の解法は、いまは R^k 上で定義された線形写像の観点から論議されるのが通例となっている。このような解析的な演算規則や方程式の取り扱いの中で、変数の個数を増していくことは、もちろん数学の中でずっと以前から行われていた。だが、そこに現われていた k 次元の空間は、k 個の変数を取り扱う数学の舞台、または背景としての k 次元空間であって、それはいわば形式の世界に、静かに拡がっていたにすぎなかった。私たちが関心をもつところは、第1節でも述べたように、高次元とい

う世界の,舞台そのもののもつ多様性にある.それは数学の場そのもののもつ多様性といってよいのかもしれない.

次元のもつ多様性を,まず直観的に理解してもらうために,ここでは,1次元,2次元,3次元の球面が,それぞれの次元に応じてどのような個性と多様性を現わすかを述べてみよう.

一般に,原点を中心とし,半径1をもつk次元球面S^kとは,$\boldsymbol{R}^{k+1}$の中の点$x=(x_1, x_2, \cdots, x_{k+1})$で,座標が方程式
$$x_1^2+x_2^2+\cdots+x_{k+1}^2 = 1$$
をみたすもの全体の集まりとして定義する.特に断らない限り,簡単のために,S^kを単に**k次元球面**ということにする.

k次元球面は$k=0, 1, 2, \cdots$ に対して定義される.0次元球面S^0は,上の定義によれば,数直線$\boldsymbol{R}$上の点で,座標xが
$$x^2 = 1$$
をみたすものからなる.すなわち,S^0は数直線上で1と-1の2点からなる(図17左).

1次元球面S^1は,座標平面$\boldsymbol{R}^2$の中にあって,

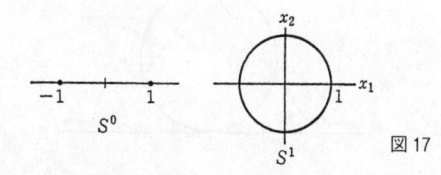

図17

$$x_1{}^2 + x_2{}^2 = 1$$

をみたす点 $x=(x_1, x_2)$ の全体として与えられる．これは円周である（図17右）．円周上の点 $(0, 1)$ をかりに'北極'，点 $(0, -1)$ をかりに'南極'とよぶことにしよう．図18で示してあるような，南極 S を通る数直線 L を考える．北極 N と，N 以外の円周上の1点 P を通る直線を l とすると，l は L と1点で交わる．この点を Q とする．P に Q を対応させると，円周上の北極以外の点 P に，数直線上の点 Q がちょうど1対1に対応していることがわかる．図18で L 上の点 Q がどんどん右の方へ進んでいくにつれ，また点 Q' がどんどん左の方へ進んでいくにつれ，円周上の対応する点 P, P' はしだいに北極 N へと近づいていく．しかし N には絶対に辿りつかない．この状況は，数直線上を右または左にどんどん進んでいったときに，遂には辿りつくであろうと仮想される'果て'の点が，いま述べた対応で円周上に移して考えると，北極（極点！）として実現されていると考えることができる．'果て'という言葉

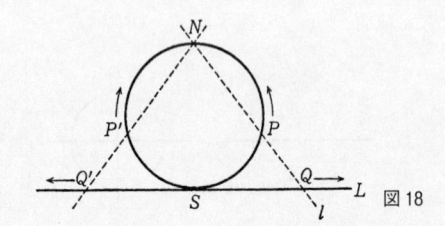

図18

はいまの場合'無限遠点'といいかえた方が，もう少し数学的な響きをもつかもしれない．そうすれば上の状況は，円周は，数直線上に無限遠点を1点つけ加えたものであるといい表わされるだろう．

直線に無限遠点をつけ加えるという考え方は，もちろん1通りとは限らないのであって，たとえば，直線の右端には $+\infty$ があり，左端には $-\infty$ があるという考えも，1つの考え方である．その意味では，円周は直線に，無限遠点としてただ1点だけをつけ加えて得られたものであるということを強調した方がよいのかもしれない．直線と円周との違いは，この考察からも明らかなように，ごく直観的ないい方をすれば，直線は果てのない開いた世界を形づくっており，円周は，それに反し，閉じた世界を形づくっているということにある．この言葉の正確な意味は，すぐ後で述べる2次元の場合の対応した考察の際，もう少しはっきりした形で与えることにする．

図18で示した対応によって，直線上のある性質は円周上に移して考えることができるが，ある性質はそのように考えることはできないという状況が生じてくる．それは，その性質が無限遠点に近づいていくときの挙動に関係している．ここで，性質といういい方は多少曖昧だけれども，いいたいことは，たとえば，図19のグラフ (a) で示された連続関数 $f(x)$ の値は，直線上を Q が右に，Q' が左にどんどん進むと，しだいに0に近づいていくから，無限遠点で

図19

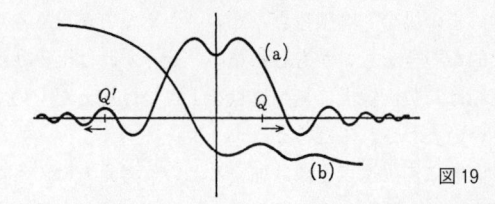

とる値は0であると決めておけば，これは円周上の連続関数とみることができる；しかしグラフ(b)で示された連続関数は，このような考えで，円周上の連続関数と見なすわけにいかないというようなことである．

ところで，視点を円周上に限った場合，円周上の関数とは，一般的にどのようなものと考えたらよいだろうか．単位円周上の点 (x_1, x_2) は，x_1 軸から測った角 t（弧度！）で示される．t が 0 から出発して π まで動く間に，対応する円周上の点は $(1, 0)$ から出発して円周上を半周する．さらに t が 2π までくると1周を終える．さらに進めば，t が 2π から 4π まで動く間に，円周上の点は2周目を回りきる．その意味では，円周は，数直線を，1周 2π として，ぐるぐると円に巻きつけていったものと考えられる（図20）．したがって，この角を示すパラメーター t によって，数直線との対応を考えることにすれば，円周上の関数とは，数直線上の関数であって，1巻きすると必ず前と同じ値をとる関数，すなわち

(9) $$f(t+2\pi) = f(t)$$

図20

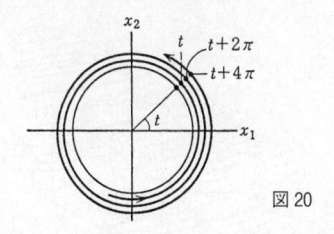

が成り立つ関数 f で与えられると考えてよい．数直線上で(9)をみたす関数を，周期 2π をもつ**周期関数**という．したがって，周期 2π をもつ周期関数は，円周上の関数と同一視できる．たとえば，$\cos t$，$\sin t$，一般に $\cos kt$，$\sin kt$ ($k=\pm 1, \pm 2, \cdots$) はそのような関数である．($\cos kt$ の周期は実際は $2\pi/k$ であって，円周を $1/k$ だけ回ったところで，もう前と同じ値をとりはじめる．）したがってまた，a_i, b_i ($i=1, 2, \cdots, n$) を定数としたとき，

$$a_1 \cos t + b_1 \sin t + a_2 \cos 2t + b_2 \sin 2t + \cdots$$
$$+ a_n \cos nt + b_n \sin nt$$

と表わされる関数も，円周上の関数と考えられる．

円周上の関数は，このようにして数直線上の周期関数として把握されるが，また次のような考え方も可能である．円周上の関数 $f(t)$ を与えるということは，円周の各点に高さ $f(t)$ を与えることだと考えてもよい．そのような考えをとれば，円周上の関数は，平面上で定義されたある関数 $f(x_1, x_2)$（そのグラフは，平面上の点 (x_1, x_2) で高さ

図21

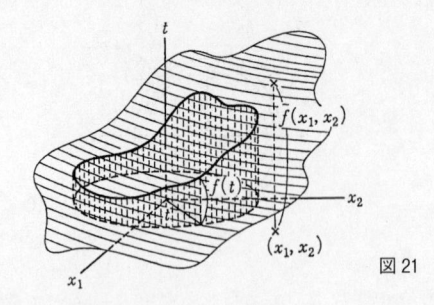

$f(x_1, x_2)$ をもつ曲面として表わされる)を円周上へ制限して得られたものだとみることもできるだろう(図21).したがってまた,いま述べた考察を逆にたどれば,平面上で与えられた関数の円周上での挙動は,数直線上の周期関数として調べられることがわかる.

なお,数直線上の周期関数と見なすことにより,円周上の関数の微分も考えることができる.

次に2次元球面 S^2 を考えよう. S^2 は座標空間の中で
$$x_1{}^2 + x_2{}^2 + x_3{}^2 = 1$$
をみたす点 (x_1, x_2, x_3) の全体,すなわち原点 O から長さ1の距離にある点全体からなり,それは日常ふつうに使われている言葉の意味での球面を表わしている(図22).

2次元球面の南極に,地軸に垂直に座標平面をおき,図23で示すように,北極 N から, N を通る線分 l によって,球面上の点 P を平面上の点 Q に投影すると,北極 N を除く球面上の点と,平面上の点とはちょうど1対1に対応す

2. 球面を中心として

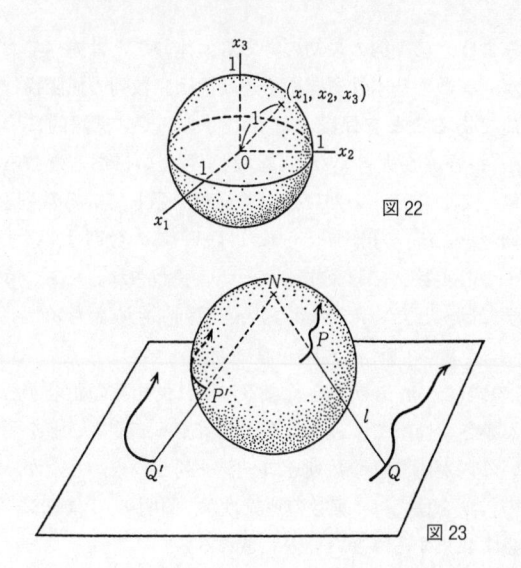

図 22

図 23

る.したがって円周の場合と同じ考えで,球面 S^2 は,平面 $\boldsymbol{R}^2$ にただ 1 点からなる無限遠点をつけ加えてえられた曲面と考えることができる.この無限遠点は,平面上ではどんどん遠ざかっていく点列がついには辿りつくであろうと考える仮想の点であるが,それは上の対応で球面に移して考えれば,球面上の現実の点——北極——として実現されている.

私たちの感じでは,$\boldsymbol{R}^2$ は開いた世界であり,S^2 は閉じた世界である.この感じをもう少し数学的に述べることを

試みよう．第1節の最初の方でも大体のことは述べておいたが，実数の基本性質である連続性は，数列の極限操作が可能であることを保証するものであって，標語的にいえば，'番号 n が大きくなるにつれ，しだいにあるところに密集していく——いわば近づく様相を示している数列 $\{x_1, x_2, x_3, \cdots, x_n, \cdots\}$ が与えられれば——この数列は，必ずある1つの実数 x に収束する'といい表わされる．ふつう，数学では，しだいに密集していく数列，すなわち

$$|x_m - x_n| \longrightarrow 0 \quad (m, n \to \infty)$$

(この式は，m, n が大きくなるにつれ，相互の距離がどんどん小さくなって，x_m, x_n がより集まってくることを示している) が成り立つ数列を**コーシー列**という．したがってこの言葉を使えば，実数の連続性は，簡明に，'コーシー列は必ず収束する'といい表わされる．

この実数の連続性は，もちろん，数直線上の点列に移しかえて述べることができる．平面上の点列に関してこれに対応する定理は，多少数直線の場合と述べ方は違うが，ボルツァーノ-ワイエルシュトラスの定理で与えられる．この定理は，'平面上の，有界な，相異なる無限点列は，必ず集積点をもつ'といい表わされる．これはどのようなことかというと，平面上に異なる点からなる無限点列 $\{P_1, P_2, \cdots, P_n, \cdots\}$ が与えられ，これらはすべて1辺が r の正方形の中に含まれているとする（有界性！）．（r は決まった正数であれば，どんな大きい数でもかまわない．）そうする

図24

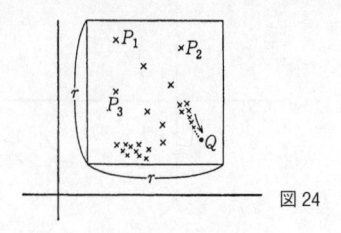

と，この点列の中から適当に部分点列 $\{P_{i_1}, P_{i_2}, \cdots, P_{i_n}, \cdots\}$ をピック・アップしていくと，点列 $\{P_{i_1}, P_{i_2}, \cdots, P_{i_n}, \cdots\}$ は必ずある点 Q （集積点！）に近づくようにできるという定理である（図24）．箱の中に砂をどんどん撒いていくと，その撒き方は全く任意だったとしても，必ずどこかに砂の密集していく場所がある．それは自明であろうが，それが最終的に1つの場所に近づくと断言できるかどうかが問題であって，そのような場所が存在するという保証に，座標成分でわけて考えると，実数の連続性が効いてくるのである．

この定理は有界性の仮定がなくては，もちろん一般的には成立しない．たとえば無限の彼方へ向かって進んでいく人が砂を撒いていけば，この砂は決してどこにも集積してはいかないだろう（図25）．しかし，任意に与えられた有界の範囲をいつかは越して，どんどん彼方へ進むこのような点列は，仮想の点'無限遠点'に近づいていくのだと考えることはできる．平面 $\boldsymbol{R}^2$ 上での仮想の'無限遠点'は，

図25

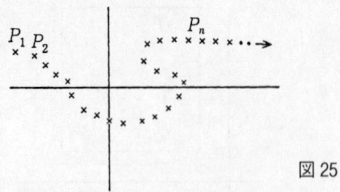

球面 S^2 上では北極 N として実現されている．したがってこの点列を S^2 に移して考えれば，私たちは，北極を集積点にもつ 1 つの点列を見ることができるだろう．

こんどは S^2 上の相異なる点からなる無限点列 $\{P_1, P_2, \cdots, P_n, \cdots\}$ が与えられたとき，これを北極 N から平面 $\boldsymbol{R}^2$ へ投影してみよう（もし $\{P_n\}$ の中に N が含まれていれば，それは除いておく）．そうすると $\boldsymbol{R}^2$ 上の相異なる点からなる無限点列 $\{Q_1, Q_2, \cdots, Q_n, \cdots\}$ が得られるが，もしこの点列が有界ならば，ボルツァーノ – ワイエルシュトラスの定理によって，平面上に集積点 $\tilde{Q}$ をもつ；$\tilde{Q}$ に対応する S^2 上の点を $\tilde{P}$ とすると，この場合点列 $\{P_n\}$ は $\tilde{P}$ を集積点にもつ．もし点列 $\{Q_n\}$ が有界でなければ，点列 $\{Q_n\}$ からとったある部分点列は'無限遠点'に近づき，したがって，点列 $\{P_n\}$ は北極 N を集積点にもつ（図 26）．

結局 S^2 上では，

(C) 相異なる点からなる無限点列は，必ず集積点をもつ

という性質が成り立つことがわかった．性質(C)を一般に

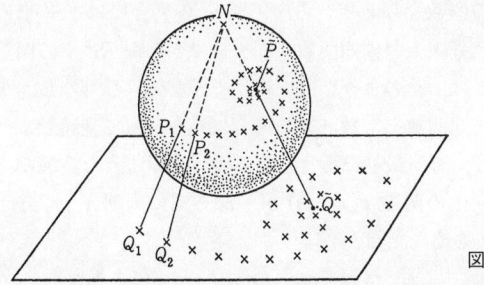

図26

コンパクト性という．上の説明からもわかるように，コンパクト性という性質は，S^2 を私たちが閉じた世界だと感じているその感じを，かなりはっきりと表わしている．逆にコンパクト性が成り立たない空間というのは（たとえば $\boldsymbol{R}^2$ はそのような空間であるが），適当な無限点列をとると，涯しのない所へ飛んでいってしまうような，開いた空間となっている．（コンパクトに関するもう少し厳密な説明は次章で与えるが，まずこのようなコンパクトという言葉の意味するものを把握しておくことが必要である．）コンパクトという言葉を使えば，S^2 は，$\boldsymbol{R}^2$ に1点（無限遠点）をつけ加えることにより，コンパクト化した空間であるということができる．

S^2 上の関数とはどういうものであろうか．S^2 を地球にたとえれば，地球上の各点における気温とか気圧の分布等は，S^2 の各点にある実数値を対応させるから，これらは S^2

上の関数を与えている．円周 S^1 の場合には，S^1 上の関数は数直線上の周期関数と同一視できたが，S^2 上の関数に対しては，そのような同一視はできない．なぜなら，平面上の周期関数を，数直線の場合に見ならって定義しようとすると，まず最初に考えられるのは次のような定義だろう．平面上の関数 $f(x_1, x_2)$ が，x_1 方向に周期 a，x_2 方向に周期 b をもつとは，

$$f(x_1+ma, x_2+nb) = f(x_1, x_2)$$
$$(m, n=0, \pm1, \pm2, \cdots)$$

が成り立つことである．このような関数は，$\boldsymbol{R}^2$ を各辺がそれぞれ a, b の座標軸に平行な長方形のタイルで敷きつめたとき，各タイルの上で，同じ値をくり返してとる関数であって，したがって特に図 27 で，辺 AB と辺 DC 上でとる値は等しく，同様のことが辺 AD，辺 BC 上で成り立っている．したがってこのような関数は，長方形 $ABCD$ で，AB と DC を同一視し，AD と BC を同一視して得ら

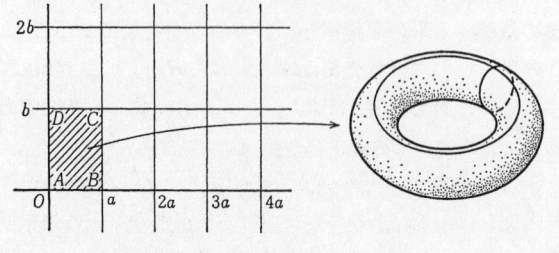

図 27

れる曲面上の関数と考えられる．この曲面は（実際 AB と DC を糊づけし，AD と BC を糊づけしてみるとわかるように）ドーナツ面であって，S^2 ではない．

したがって，S^2 上の関数を，平面上で定義された，周期関数のような考えやすい関数と同一視して調べようとする試みは，ひとまず断念した方がよさそうである．それでは S^2 上の関数をどのように取り扱ったらよいだろうか．1つの考え方は，S^2 は3次元実空間 $\boldsymbol{R}^3$ の中にあるのだから，S^2 上の関数は，$\boldsymbol{R}^3$ の上で定義された関数を S^2 の上に制限したものとみることである．$\boldsymbol{R}^3$ の上で定義された関数は非常にたくさんあるから（たとえば，座標 (x_1, x_2, x_3) に関する多項式 $\sum a_{i_1 i_2 i_3}(x_1)^{i_1}(x_2)^{i_2}(x_3)^{i_3}$ はその例である），この考え方からでも，S^2 の上にたくさんの関数があることがわかる．しかしできれば，S^2 の上の関数を，S^2 の上で直接調べるような考え方が望ましい．

たとえば，S^2 はコンパクト性の条件(C)をみたしているから，そのことから，S^2 の上で定義された連続関数は必ず有界であって，最大値，最小値をとることがわかる．有界であることだけを証明してみよう．S^2 の上の連続関数 $f(P)$ がもしも有界でなかったとすると，$|f(P_1)|>1$，$|f(P_2)|>2$, $\cdots$, $|f(P_n)|>n$, $\cdots$ をみたす点列 $\{P_1, P_2, \cdots, P_n, \cdots\}$ を見出すことができる．これらの点はすべて異なっていると仮定してよい．したがってコンパクト性の条件(C)から，この点列から部分点列 $\{P_{i_1}, P_{i_2}, \cdots, P_{i_n}, \cdots\}$ を

選ぶと，点列 $\{P_{i_n}\}$ は，$n \to \infty$ のとき，ある点 $\tilde{P}$ に近づくようにできる．f は連続だから $f(P_{i_n}) \longrightarrow f(\tilde{P})$ $(n \to \infty)$ であるが，$|f(P_{i_n})| \longrightarrow \infty$ $(n \to \infty)$ なのだから，このことは $f(\tilde{P})$ の値が決まらないことを示し，矛盾である（f はもともと $\tilde{P}$ で決まった値をとっていたはずである）．したがって f は有界でなくてはならない．

　球面 S^2 上でもっと立ち入った議論をするには，たとえば球面上の関数を微分することなどを考えるためには，球面上にも直接座標を導入しておくことが必要となってくる．だが，S^2 はコンパクトであり，$\boldsymbol{R}^2$ はコンパクトでないから，S^2 を1枚の座標で蔽うわけにはいかない．しかし私たちの日常の経験からもよく知られているように，球面は紙を貼り合わせて作ることができる．私たちの場合，この紙は，座標平面から切り取ってきたものだと考えよう．そうすると，この紙の1枚1枚の点には，ある座標が与えられていることになる．したがって，S^2 は座標のはいった'紙'の何枚かで，互いに重なり合いながら貼り合わされていると考えることができる（図28）．S^2 の上で与えられた関数は，この'紙'の上に限って考えれば，その紙の上にある座標を用いて議論することができる．S^2 上の点 P で決まった値をとる関数 $f(P)$ は，この'紙'の上では（点 P は (x_1, x_2) と表わされるから）2変数の関数 $f(x_1, x_2)$ となって，私たちがその取り扱い方をよく知っている見なれた形の関数となる．

図28

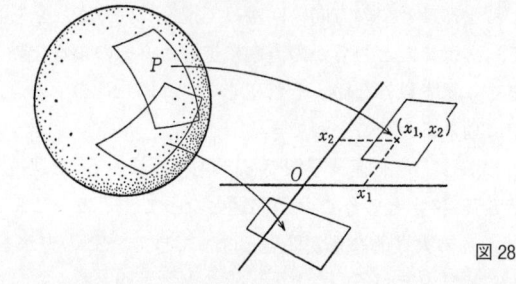

　それでもやはり問題は残っている．1つの点 P の座標は1つとは限らない．点 P が2枚の'紙'の重なり目にのっていれば，P はそれぞれの'紙'の上にある2つの座標をもつことになる．関数 $f(P)$ をそれぞれの座標で偏微分すれば，その値はまるで違ったものになるだろう．それをどのように考えたらよいのだろうか．また球面に紙の貼り方がいろいろあるように，S^2 の上のこのような座標をもつ'紙'による蔽い方もいろいろある．またそれぞれの座標は，結局は，1点の近くの局所的なところにしか役立たない．座標のもつこのような多様性と局所性をどのように取り扱ったらよいのだろうか．本書の中でこれらのことをすべて明らかにするのはだいぶ先のことになるが，このような問題を背景としながら，次節で座標のことについてもう少し詳しく述べることにする．

　さて，S^1 と S^2 ではすでにいろいろ違いが生じている．S^1 の上を動く点は，極端な振動をくり返していない限り，

どんどんひとつの方向に向かって進んでいくか，立ち止って，次にまたどちらかの方向に進むか，そのような動き方をくり返す以外ない．それにくらべれば，S^2の上の点は自由に動きまわることができる．

しかし，S^1を連続写像でS^1に移す，またS^2を連続写像でS^2に移すということが問題となってくると，こんどはS^1，S^2の大域的な形が問題となってきて，S^2の方がS^1の方より自由度が多いなどということは，かんたんにはいえなくなってくる．たとえば，S^1上の点(x_1, x_2)に対して

$$\varphi(x_1, x_2) = (-x_2, x_1)$$

とおくと，φはS^1からS^1への連続写像であって，S^1上の点を，時計の針とは逆方向に，90°回転した点に移す写像となっている．

ところがS^2上では，S^2の点Pを，半径OPに直交する大円上の点に移すような連続写像を作ろうと試みると，これはうまくいかないのであって，実際，このような性質をもつS^2からS^2への連続写像は存在しないことが証明される．この証明には，位相幾何学における写像度といった概念を必要とするから，ここで証明まで述べるわけにはいかないが，もしこのような連続写像が存在するとすれば，何か矛盾がおきそうだという感じだけならば，次のようにして示すことができる．いま，このような性質をみたすS^2からS^2への連続写像ψが存在したとしよう．図29で示してあるように，ψはPをQに（またたとえばP_1をQ_1

2. 球面を中心として

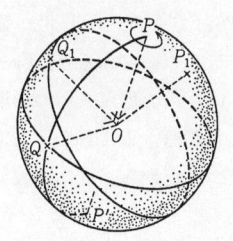

図29

に）移しているとする．PとQを結ぶ大円上にPの中心Oに関する対称点P'（これをPの対蹠点という）が乗っている．S^2の各点Pにこのような大円が与えられたことになる．そこで各点Pを，一斉にこの大円上で，時間tとともに連続的に動かして，Qを通り越して，$t=1$のときちょうど対蹠点に辿りつくようにする．もしPが北極の位置にあれば，P'は南極であって，点Pを，Qを通る経度線に沿って，P'まで移動するようにするのである．

このようにして，時間tとともに連続的にかわるS^2からS^2への連続写像 Ψ_t ($0 \leq t \leq 1$) で，どんな点Pに対しても，

$\Psi_0(P) = P, \quad \Psi_1(P) = P'$ （P'はPの対蹠点）

をみたすものが得られた．いま1点Pのまわりに，S^2上に，Pを中心とする小さな円周を描いておく．点Rがこの円周を正の向き（時計の針と反対方向）に1周するとき，すぐわかるように，Rの対蹠点 $\Psi_1(R)$ は，P'のまわりを負の向きに1周する．このことは，球面上の人が，時間tと

ともに Ψ_t にしたがって一斉に少しずつ動き出したとき，時間1だけ経って気がついてみると，今まで自分のまわりを左回りに回っていた人の渦が，いつの間にか右回りに回っていたということがおきることを示している．これはすべての人で成り立つのだから，球面の裏側へ回ってしまったような感じである．しかしこれは，（Ψ_t は一般には1対1ではないから，多少感じ方に違いがあるかもしれないが）いかにもありそうもないことである．したがってまた，Ψ のような写像が存在すると仮定することは，矛盾を導くだろうということが推察される．

2次元球面 S^2 についてはこれくらいにして，次に3次元球面 S^3 を考えよう．S^3 は，$\boldsymbol{R}^4$ の中で
$$x_1^2 + x_2^2 + x_3^2 + x_4^2 = 1$$
をみたす点 (x_1, x_2, x_3, x_4) の全体として与えられる．S^3 は3次元の空間であるが，S^1, S^2 のように図によって示すわけにはいかない．S^1, S^2 の場合と同じように考えると，（これも図示するわけにはいかないが）S^3 は $\boldsymbol{R}^3$ に1点をつけ加えてコンパクト化したものであると考えることができる．そうはいってみても，S^3 の構造を知るために何の手がかりも得られたわけではない．私たちは，3次元空間 $\boldsymbol{R}^3$ は，もちろん十分直覚することができる．それは私たちが生きている経験世界のことである．しかしこの空間に1点をつけ加えてコンパクト化した空間 S^3 を考えようとすると，私たちの直観はそこで突然断ち切られてしまう．

このとき私たちは，S^3 を結局は中からしか眺めていないのだということを改めて感ずる．S^3 を外から眺めることは，私たちにはできないのである．S^3 は私たちの前に決して形を現わさない．この状況に思いあぐんでいると，2次元球面 S^2 の場合には外からその全体の形が見えたことが，かえって不思議なことだったような気がしてくる．

しかし私たちには，推論を押し進めていく力はあるから，S^3 がたとえその形を現わすことがないとしても，S^3 の構造のいくらかは明らかにしていくことができるだろう．

2次元球面 S^2 は，北半球と南半球とを，赤道に沿って貼り合わせたものと考えることができる．北半球を S_+^2，南半球を S_-^2 とかくと，S_+^2，S_-^2 はそれぞれ

$S_+^2 = \{(x_1, x_2, x_3) | x_1^2 + x_2^2 + x_3^2 = 1, x_3 \geq 0\}$

$S_-^2 = \{(x_1, x_2, x_3) | x_1^2 + x_2^2 + x_3^2 = 1, x_3 \leq 0\}$

で与えられる．S_+^2，S_-^2 はそれぞれ円，したがってまた（円を薄いゴム膜でできていると思って，適当に延ばせば）正方形と考えてもよい．したがって，S^2 は，2つの正方形 $ABCD$ と $A'B'C'D'$ をその周に沿って貼り合わせて得られたものだと考えることができる（図30）．ここで2つの正方形の向きを逆にしていることに注意してほしい．

同様に3次元球面 S^3 も北半球

$S_+^3 = \{(x_1, x_2, x_3, x_4) | x_1^2 + x_2^2 + x_3^2 + x_4^2 = 1, x_4 \geq 0\}$

と南半球

$S_-^3 = \{(x_1, x_2, x_3, x_4) | x_1^2 + x_2^2 + x_3^2 + x_4^2 = 1, x_4 \leq 0\}$

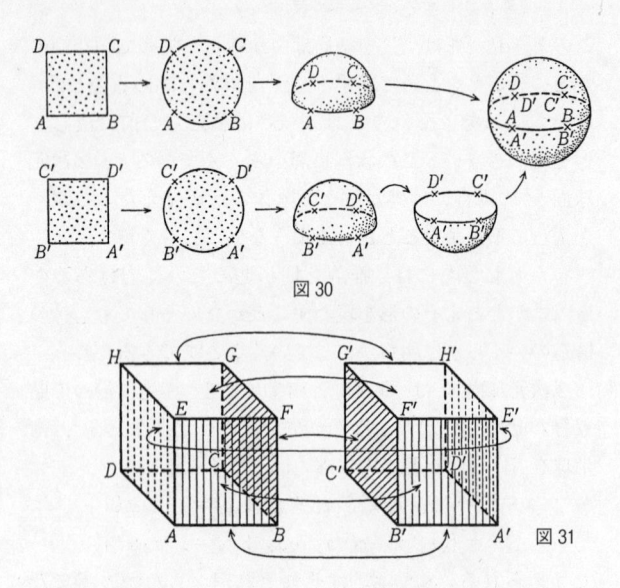

図 30

図 31

とを，赤道面
$$\{(x_1, x_2, x_3, 0) | x_1^2 + x_2^2 + x_3^2 = 1\}$$
に沿って貼り合わせたものだと考えることができる．厳密に論証していくことはここでは避けるが，前の S^2 の場合と同様の考えで，このことから S^3 は，2つの立方体 $ABCDEFGH$ と $A'B'C'D'E'F'G'H'$ とをとって，それぞれの対応する面を貼り合わすことによって得られたものであることがわかる（図 31）．もちろん貼り合わすということは，私たちの推論の世界で行なっていることであって，眼に見

える世界の中で本当に2つの立方体を貼ってしまうことなど，決してできないことである．

さて，S^3はこのようにして得られたと思って，立方体$ABCDEFGH$から，$ABCD$面に垂直な方向に円い穴をあけ，円柱を切り抜いてしまう．立方体$A'B'C'D'E'F'G'H'$からも同様な操作で円柱を切り抜いてしまう．この2つの円柱は，見かけ上離れ離れとなっているが，それぞれの底面は，S^3の中では貼り合わされていて，この操作によって結局S^3の中から，1つのドーナツが切り抜かれてきたことになる（図32）．

私たちにとって関心のあるのは，S^3からこのようにして

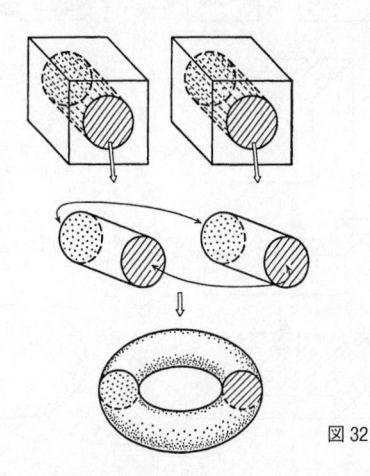

図 32

ドーナツを抜き取ったとき，その残りの部分はどんなものになっているかということである．立方体 $ABCDEFGH$ から円柱を切り抜いて残った部分を X，立方体 $A'B'C'D'E'F'G'H'$ から円柱を切り抜いて残った部分を Y とする．X も Y もともに伸縮自在で，さらに切ったものはまた貼り直すことができるような材料からなっているとする．図33（Ｉ）で与えられている X と Y を，（Ⅱ）のように上面を

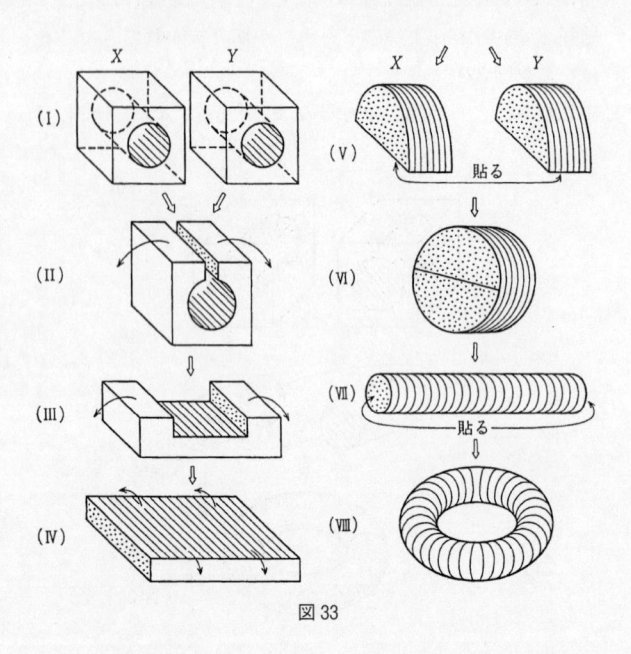

図33

切り開き，それをしだいに矢印の方に引き伸ばしていくと，(Ⅲ)の形を通って，(Ⅳ)の形となる．さらに(Ⅳ)の上面を矢印の方に伸ばすと，結局，XとYは(Ⅴ)の形となる．ただしここで，Xの側面の砂目を打ってある場所は，同一視して貼り合わせなければならない．Yに関しても同様である．一方，最初のXとYで同一視すべき立方体の面は，(Ⅴ)では底面に移されたから，まずその底面を貼ってしまう．したがって，XとYを貼ったものは，(Ⅵ)，またはそれを引き伸ばした(Ⅶ)において，砂目の打ってある側面を同一視して得られるものとなっている．これは，(Ⅷ)で見てわかるように，ドーナツである．すなわち，S^3からドーナツを除いた残りは，再びドーナツとなっている．

逆にいえば，S^3は，2つのドーナツを，そのドーナツ面に沿って貼り合わすことにより得られるものである．この貼り合わせ方を注意深く見てみると，ドーナツ面を走る2つの円周の方向は，図34で示してあるように，それぞれ異なった円周の方向に同一視されていることがわかる．

このような貼り合わせは，3次元の世界の中では，やはり実現することはできない．しかしこのような貼り合わせを考えることは，決して不自然なことではないのである．そのことを少し説明しよう．ドーナツ面は，正方形の紙$ABCD$で，互いの対辺を同一視することにより（実際，対辺に糊をつけて，紙を丸めて貼ってみることにより）得ら

図34 切り抜いた方　残った方

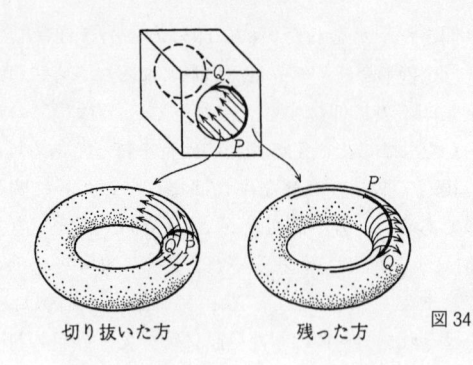

れる．このとき，対辺 AB と DC を先に貼ると図35（Ⅰ）になり，AD と BC を先に貼ると（Ⅱ）になる．ただしこの場合，図34の状況に合わすためには，紙の丸め方を，（Ⅰ）で表に現われた側が，（Ⅱ）では裏側となるようにしておく必要がある．すなわち，ドーナツ面上で実線で描かれた円周と，鎖線で描かれた円周とは本来同じ性質のものである．ただ，$\mathbf{R}^3$ への実現の仕方が違っているにすぎない．正方形 $ABCD$ 内の任意の点は，2つのドーナツ面（Ⅰ）および（Ⅱ）の上にある点として実現されてくるが，このような点をすべて同じものと思って（Ⅰ）と（Ⅱ）を貼り合わせたものが，ちょうど前に述べた貼り合わせとなっている．

このようにして S^3 は，2つの立方体を貼り合わせて得られるだけでなく，2つのドーナツを貼り合わせても得られることがわかった．この後者に対応する性質は，S^1 や S^2

図 35

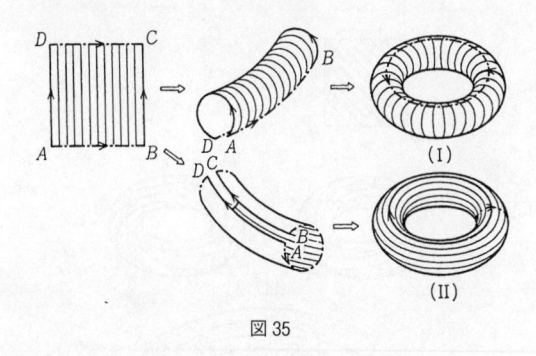

にはなかったことに注意してほしい．したがって，S^3 がこのような構造をもつことから，S^1 や S^2 だけからでは推測しにくいような，S^3 固有の性質を導き出すことができるだろう．

いま正方形 $ABCD$ に，対角線に平行なたくさんの線分をかき加える．この線分の族は，正方形 $ABCD$ の中を，45°の傾きで流れている水の流線を表わしていると考えてもよい（図36(Ⅰ)）．これらを，図35のように対辺を同一視して得られる2つのドーナツ面上で考えれば，2つのドーナツ面上を，円周の軌道をとってぐるぐる回って流れている水の流線を表わしてくる（図36(Ⅱ)）．この2つのドーナツ面を，すぐ上に述べたような方法で貼り合わせたとき，この流線もまた貼り合わされてしまう．一方，これらドーナツの表面を流れている流れは，自然な方法で，ドー

図36

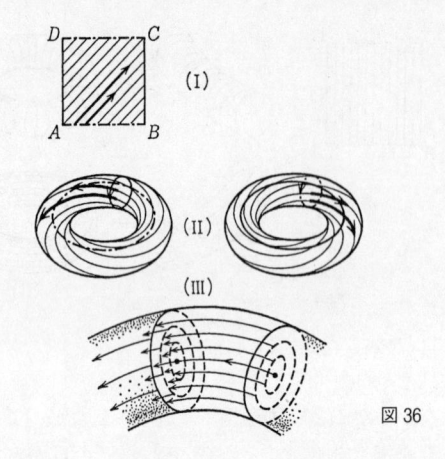

ナツの内部を、やはり円軌道を描いてぐるぐる回っている流れへと拡げていくことができる（図36(Ⅲ)）.

したがって、一方のドーナツの中を回っている水の流れは、ドーナツ面上でもう1つのドーナツの水の流れとつなぎ合わされ、全体としてこの水の流れは、S^3の中を、ぐるぐると円運動をしながら回っていることになる.

このような水の流れがS^3の中に実現できるということは、S^3はS^2のような形をしているのだろうと漠然と考えていたのでは、想像もできないことである. S^2の上で、円運動しながら廻る水の流れをつくろうとすると、どこかに必ず渦ができてしまって、そのような流れをつくるわけにはいかないのである. これは数学的に厳密に証明すること

ができるが，直観的にもほとんど明らかなことだろう．たとえば，S^2 を地球の表面にたとえたとき，等緯線に沿って回る水の流れは，北極と南極に渦を生じている．このことからも，S^2 を想像しながら S^3 の外形を推察するなどということは，いかに難かしいことかということがわかる．1次元とか2次元とかからの高次元へ向けての楽観的な類推は，このような事実が明らかになるにつれ，しだいに破られてきたのである．

1952年に，フランスの数学者レーブは，S^3 がもっと驚くべき構造をもつことを見出した．それによると，S^3 は，2次元の薄い膜が，ちょうどパイがパイの薄皮を積み重ねてできているように，層をなして積み重なってできているのである．層をなして積み重なっているということを，もう少しはっきり述べておく必要があろうが，たとえば，立方体は，底面に平行な正方形の膜を積み重ねることによってできている（図37）．S^3 にも同じような構造があるというのである．S^3 を，S^2 の形をしているようなものだと考えると，このように膜を積み重ねると，どのように積み重

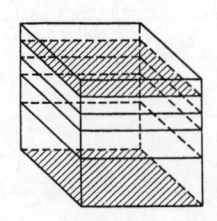

図37

ていってみても，しだいに膜は小さくつぶれてきて，遂には1点か，線分になってしまうような場所が出てくるように思われる．しかし実際はそうではないのである．

レーブは次のように構成してみせた．まず xy 座標平面で，図38のように，y 座標が -1 から 1 までの間にある点全体からなる無限帯状領域に，1つの曲線 C を平行移動して得られるような曲線の族——流線——を与えておく．この曲線族は，互いには交らず，全体としてこの帯状領域を蔽っている．この帯状領域を，x 軸を軸としてぐるりと1回転すると，無限に延びた，内部の詰まった円柱が得られるが，この円柱の中を，流線を回転して得られる袋状をした膜が，やはり互いに交らず，全体としてこの円柱を蔽いつくすようにして層をなして詰まっている．次にこの無限円柱上の点で，x 軸方向に整数だけ平行移動して得られる点は，すべて同一なものと考えて，貼り合わすことにする．図39で同じしるしをつけた点は，このようにしてすべて

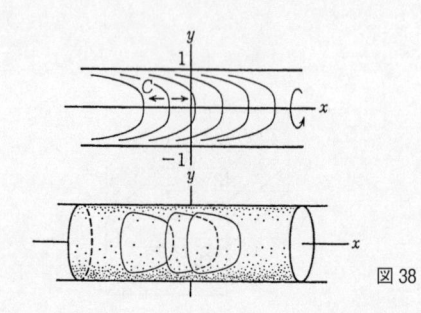

図38

同一視されている．数直線上の点で，1だけ動かしたものを同じものと考えて，ぐるぐると巻くと，円周が得られるが，それと同じように考えて，このようにして無限円柱を貼り合わせると，これは明らかにドーナツである．このドーナツの内部は，袋状をした膜が1周するごとに，しだいしだいに外側を包むような形で，層をなして巻きこんでおり，互いの膜は交ることなく全体としてドーナツの内部を隙間なくうめている（図40）．このとき，表面のドーナツ面も，これら袋状の膜全部を包む，1つの膜であると考えよう．

さて，S^3を構成する2つのドーナツをとり，このそれぞ

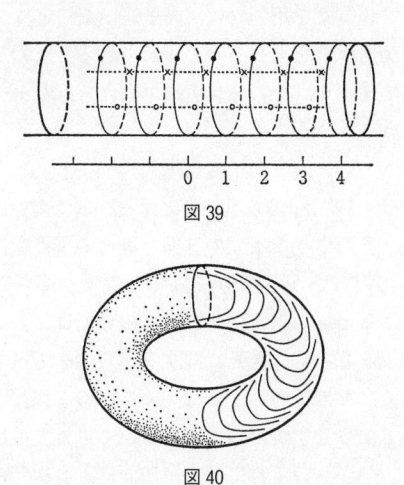

図 39

図 40

れに，いまのような層状に重なった膜を与えておこう．それぞれのドーナツ面は1つの膜だから，内部を詰めている膜には影響なく，この表面の膜を前に述べたような同一視で貼ることができる．得られた結果を見れば，S^3は，互いに交ることのない2次元の膜によって，蔽い尽くされている．このとき，ドーナツ面の貼り合わせ方を思い出し，少し想像力をはたらかすと，このドーナツの内部を詰めている膜の層は，ドーナツ面での貼り合わせ面を越えて，別の方のドーナツへ入ると，別の方向，いわば横方向を層状に走っている膜の層へと移ることがわかる．

　数学では，膜という用語は用いず，**葉層構造**という．したがってこの言葉を用いれば，いま述べたことは，S^3は次元が2の葉層構造をもつといい表わされる．またここで構成した葉層構造を，その発見者にちなんで，レーブの葉層構造という．

　それでは，4次元，5次元，6次元とさらに高い次元に眼をやると，そのような次元の球面とはどのような構造をもっているのだろうか．1950年以降の数学が明らかにしたところによると，高次元のそれぞれの球面は，強い個性と多様性をもっていて，次元に関する均質性をもっているとはいい難く，その個性的な姿は，いろいろな側面からの研究によって，少しずつ明らかにしていく以外，道はなさそうである．しかしいずれにせよ，球面は，高次元の曲面の

中では，かんたんな構造をもっているものであることは違いない．高次元の中にある，もっと複雑な曲面を調べていくには，どのような方法を用意したらよいのだろうか．またそこには，どのような未知の世界が展開しているのだろうか．

3. 座標について

平面上に（あるいは空間の中に）ある1つの曲線 L を考えよう．この曲線上に，目盛をつける，あるいは同じことであるが，もう少し数学的にいいかえれば，座標を導入することを試みることにする．座標を導入する考え方はいろいろあろうが，まずここでは以下の説明の便宜上，次のようなたとえをとる．この曲線をある地点から別の地点へ向かう道路だと考えよう．この道路 L の上を1台の自動車が走っているとする．ある地点から測って，自動車が1時間だけ進んだ所に 1，1.5時間進んだ所に 1.5, 2時間だけ進んだ所に 2 というように，道路に目盛をつけていくとする．このような目盛は，自動車が1方向に進んでいく限り，この曲線上の座標としての役目を果たすだろう．このような座標は，私たちは日常でもよく使っている．たとえば '30分行った所にガソリン・スタンドがあり，1時間行った所にパーキング・エリアがあった' などというい方がそれである．

ふつうの数直線上の座標は時間を表わすとすれば，この

ことは、自動車の進行とともに、道路 L から数直線への1対1の対応が与えられていることを意味している。たとえば図41では、自動車は P を出発してから1時間の間はふつうの速さで進んだが、次の1時間は速度を速めてかなりの距離進み、その後の2時間は速度を落して、ゆっくり進んだことを示している。L から数直線へのこの写像を φ とする。φ は1対1の写像である。φ の逆写像を φ^{-1} とすると、φ^{-1} は数直線から L への写像であって、L 上で座標 t_0 をもつ点 Q は、ちょうど $\varphi^{-1}(t_0)$ で与えられている。

いま、この自動車をかりに A と名づけよう。同じ道路 L 上を別の自動車 B が一定の方向に（たとえば A と同方

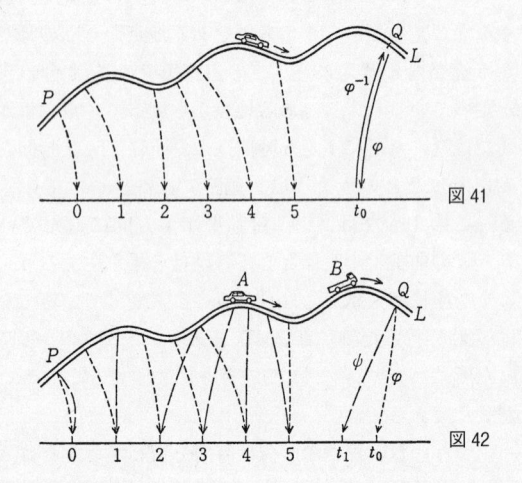

図41

図42

向に)走っているとする. A と B の出発点はたとえ同じだとしても, A と B が互いに追い抜いたり,追い抜かれたりして走っていれば,各々の走行時間にしたがって導入された L 上の座標は全く異なるものとなってくるだろう.自動車 B の走行時間を示す,したがって B による座標を与える L から数直線への写像を ψ とする(図42).

自動車 A が出発後 t_0 時間後に到着する点 Q に,自動車 B が t_1 時間後に到着するということは,点 Q は, A で測った座標では t_0 であり, B で測った座標では t_1 であることを意味している. φ と ψ を使えばこの関係は

(10) $$t_1 = \psi \circ \varphi^{-1}(t_0)$$

で表わされる.ここで右辺の。は,合成写像の記号であって,この記号になれていない読者は,右辺を $\psi(\varphi^{-1}(t_0))$ とかいておかれるとよい.いずれにしてもこの記号の意味していることは,図42から明らかである.

式(10)は, A の座標で t_0 であった L 上の点が, B の座標では座標 t_1 をもつということを示しているという意味で,**座標変換の式**という.また数直線から数直線への写像 $\psi \circ \varphi^{-1}$ を**座標変換**という.もし,ふつうに動いている A の自動車に対して, B の自動車が比較的スムースに動いているならば,座標変換 $\psi \circ \varphi^{-1}$ のグラフは図43の(Ⅰ)のようになるだろうが, B の自動車が,ブレーキとアクセルを交互に踏むような乱暴な運転をしていれば, $\psi \circ \varphi^{-1}$ のグラフは(Ⅱ)のような屈折の多いものになるだろう.数学的に

図43

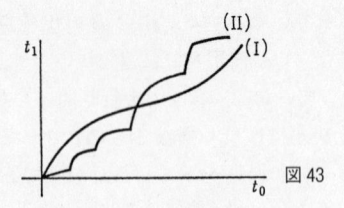

いえば，この場合，（Ⅰ）のグラフは微分できる関数を表わしているが，（Ⅱ）のグラフはところどころにかどがあって微分できない関数を表わしている．

　L上をたくさんの自動車が一定の方向に向かって走っていると，各々の車がL上に1つの座標を与えることになってきて，L上にはたくさんの座標が導入されてくる．走行するたくさんの自動車の列を俯瞰していることを想像してみると，ある特定の車を取り出して，それを走行の規準にするというようなことは，あまり意味のないことであろう．同じように，L上に導入されたたくさんの座標の中から，特定の1つの座標を選び出し，それを'よい座標'と考えるようなことも意味のないことである．

　Lに座標を入れる意味は，座標を通して，Lに関するいろいろな性質を数直線——実数——の言葉に翻訳し，その言葉を用いることにより，明確に数学的に記述しようとするところにある．だが，こんなに統制のとれないほど多くの座標があるとき，これらの座標に注目することによって何がわかるのだろうか．たとえばA座標を用いたとき，2

点 Q_1, Q_2 の座標が t_1 と t_2 だからといって，数直線上の距離の概念を移して，Q_1 と Q_2 の距離は $|t_1-t_2|$ であるというわけにはいかないだろう．なぜなら，別の B 座標を用いて同様に定義した Q_1 と Q_2 との距離は，前のものとは一般に違うだろうし，一方，L 上の 2 点 Q_1, Q_2 の距離の概念があるとすれば，それは座標のとり方などによらず，決まった値になっているはずだからである．

しかし，L 上の点列 Q_n ($n=1, 2, \cdots$) が Q に近づくということは，どの座標をとって数直線上に移しかえてみても，同じ性質として現われてくる．すなわち，Q_n と Q の，A 座標を用いたときの座標を s_n, s_0 とし，B 座標を用いたときの座標を t_n, t_0 とする．そのとき，数直線上に移してみて $s_n \longrightarrow s_0$ ($n \to \infty$) ならば，すなわち $|s_n-s_0| \longrightarrow 0$ ($n \to \infty$) が成り立つならば，$|t_n-t_0| \longrightarrow 0$ ($n \to \infty$) も成り立つし，逆に $|t_n-t_0| \longrightarrow 0$ ($n \to \infty$) が成り立てば $|s_n-s_0| \longrightarrow 0$ も成り立つ．直観的にいえば，速度の違いはあっても，点列 $\{Q_n\}$ を通って Q に近づくという動きは，一定方向に進むどの自動車にも共通の動きである（この場合は，点列 $\{Q_n\}$ は自動車の進行方向に順序よく一列に並んでいると考えている）．座標変換の式でいえば，どの座標 φ, ψ をとっても

$$\psi \circ \varphi^{-1}(s_n) \longrightarrow \psi \circ \varphi^{-1}(s_0) \quad (n \to \infty)$$

が成り立つということである．すなわち $\psi \circ \varphi^{-1}$ は連続であることを示している．φ と ψ をとりかえれば，$\varphi \circ \psi^{-1}$ も

連続となる.したがって結局,$\psi \circ \varphi^{-1}$は,その逆写像 $\varphi \circ \psi^{-1}$ とともに連続となって,その意味で座標変換 $\psi \circ \varphi^{-1}$ は両連続である.

読者は,きっと,このように道路上にいろいろの座標を導入する必要がどこにあるのだろうと疑問をもたれるだろう.このことは少しずつ明らかにしていくつもりであるが,ここではまず次のようなことを考えてみよう.いま,サーキット・コースのように,1周するともとに戻る道 C が与えられたとする(図44).この道 C に座標を与えようとする.そのために,この道の上を定方向に向かって走る自動車を考えよう.今度は自動車は同じ道を何回もぐるぐる回ることになる.前のように,1台の自動車の出発点からの経過した時間によって座標を導入しようとすると,自動車は何度も同じ場所をくり返して通るし,また一般には m 周目と n 周目($m \neq n$)の動きは全く違うだろうから,1つの点に1つの座標を決まった方法で入れるなどというこ

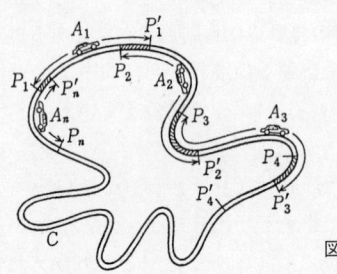

図44

とはできなくなってくる．最初の1周だけに注目すればよいと考えるかもしれないが，出発点に戻ってくるとき，出発点の近くで座標は連続的につながらなくなって，やはり具合が悪い．

そのため，C 全体に座標を導入するという考えをやめて，部分的に座標を導入していったらどうかと考える．昔の街道で，宿場，宿場で馬を乗り継ぐように，座標を与える自動車を適当に取りかえながら進むのである．図44で，P_1 から P_1' までは自動車 A_1 で，P_2 から P_2' までは自動車 A_2 で，P_3 から P_3' までは自動車 A_3 でというようにして，C 上の座標を'区分的に'導入していくことにする．おのおのの座標の重なり目，たとえば $\overparen{P_2 P_1'}$ のようなところでは，座標変換の式があるから，それらを用いて順次座標を'乗り継いで行けば'，全体として C 上でも，これらの座標によって，数直線上へ移して議論するということが可能となってくるだろう．この座標の構成の過程で，私たちは，それぞれの区間，区間で用いた自動車 A_1, A_2, A_3, … の動きは，互いに独立であることが望ましいと考える．すなわち，A_1 を決めたとき，乗り継ぐべき A_2 の選び方も決まってしまうというのでは，あまりにも制約が強すぎると考える．A_2 の車の選び方は，P_2 と P_1' の間を走るどの車でもよいということにしておきたい．しかしそうすると，$\overparen{P_2 P_1'}$ の間の座標変換は，自動車 A_2 の選び方によって多様性がでてきて，たくさんの座標がこの間に入ってくること

になる．

　1次元から2次元へと考察を移すと，座標のとり方の多様性に関して，もっと事情がはっきりするだろう．いま空間 R^3 に，図45で示すような曲面 S が与えられたとする．S 上に座標を導入することを考えよう．座標とは，この場合一般的には，R^2 への1対1の両連続写像を与えることであって，この写像によって，R^2 の座標を，考えている点の座標として採用することを意味している．与えられた曲面 S 全体を，R^2 の上に拡げることは不可能だから，まず S 全体で通用するような1つの座標を得ようとすることは，断念しなければならない．ここでもまた区分的に座標を導入することを考えよう．たとえば図45で，U の範囲に限って座標を与えようとすれば，U から x_1x_2 平面への正射影 φ を，座標として採用することができる．U 上の点 P の座標としては，$\varphi(P)$ の座標 (x_1, x_2) を与えている．次に V 上に全く同様にして座標を与えようとすると，こんどは V から x_1x_2 平面への正射影は，重なる点がでてきて

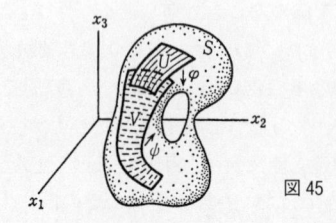

図45

1対1でなくなるから都合が悪い．かわりにx_2x_3平面上への正射影ψを座標として採用することができる．すなわち図46(I)では，この場合Qの座標として(x_2, x_3)を考えている．

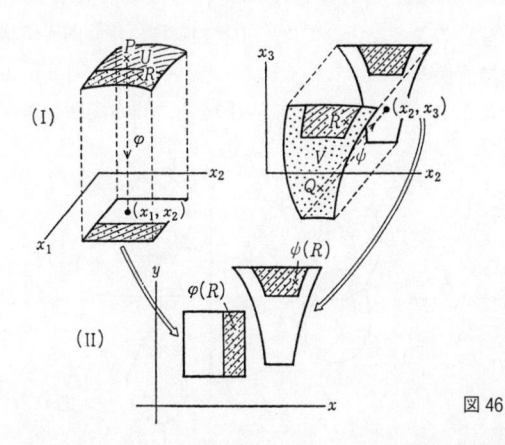

しかし，どの平面へ正射影するかで，座標の表示が異なるのは煩わしいから，x_1x_2平面も，x_2x_3平面も，x_3x_1平面も，座標写像のいく先は，すべてxy平面であると考えることにしよう（図46(II)）．しかし記号をそのたびごとに取りかえるのは繁雑なので，座標写像をxy平面への写像と考えたときも，同じ記号φとψを用いることにしよう．UとVの共通部分（それを記号で$U\cap V$と表わす）にある点Rは，φとψによって2つの座標をもっており，それ

図46

は xy 座標平面上では,見かけ上まったく関係もなさそうな場所にある 2 点 $\varphi(R)$ と $\psi(R)$ として表わされている.しかし実際は,$U \cap V$ 上では,座標 φ と座標 ψ は座標変換

$$\psi \circ \varphi^{-1} \quad (\varphi \text{ から } \psi \text{ へ})$$
$$\varphi \circ \psi^{-1} \quad (\psi \text{ から } \varphi \text{ へ})$$

によって相互に結びつけられているわけであって,その関係は,あまり形にこだわらないような書き方で,図 47 で示しておいた.

このようにすれば,S の各点のまわりに適当に範囲を (U, V のように) とっておくと,どれかの座標平面へ正射影することにより,そこに座標がはいり,S はこのような '区分的な座標' 全体によって蔽われてしまうことがわかるだろう.2 つの座標を同時にもつような範囲 (上の $U \cap V$ のような所) では,相互の座標の移りあう模様は,座標変換の式が示してくれる.

ここで,座標平面への正射影をとり得る範囲を選ぶ選び

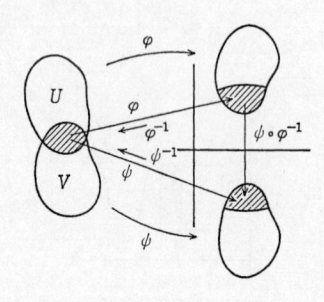

図 47

方にも，またどの座標平面へ正射影するかの選択にも任意性があることを注意しておこう．その任意性に応じて，Sに入り得る'区分的な座標'にも，いろいろなとり方があることがわかる．また正射影でなく，多少斜めの方向から座標平面へ射影することを考えても，'区分的な座標'が得られるだろう．さらにSはゴム膜のようなものでできていると考えて，各点の近くの範囲を切り取って，それを座標平面上にひろげたものも，座標を与える候補になるだろう．このように考えると，曲面Sにはいる'区分的な座標'というのは，実に多く存在する．このような多くの選択の自由度を許す'区分的な座標'というものを，どのように考えたらよいのであろうか．読者はここで，座標のとり方に多様性があるということと，それらの座標をつねに差別なく，同一の観点から取り扱わねばならないということとは，本来違うことではないかと指摘されるかもしれない．それはもっともなことであるが，ここで強調したいと考えているのは，むしろ後者の考え方に必然性が生ずる場合がしばしばあるということである．この考えを明らかにするためには，いままでの説明だけでは不十分かもしれない．

いま，ドーナツ面を考える．ここでドーナツ面は，正方形の対辺を同一視して得られているとしよう．このドーナツ面に，上に述べた意味での'区分的な座標'を導入しようとすると，最初に思いつくのは，このドーナツ面を$\boldsymbol{R}^3$

の中の曲面として実現し，そこに上のような考え方で，'区分的な座標'を導入しようとすることだろう．ところが，前節でも触れたように，ドーナツ面を R^3 の曲面として実現する標準的な方法というのはないのであって，またひとまず正方形を糊で貼り合わせて得られたドーナツ面を R^3 のどの場所に置くかということにも，特に指定する場所などないのである．したがって，ドーナツ面の方から見ていれば，いろいろな実現の仕方によって，いろいろな座標系が導入されてくることになるが，実現の仕方には本質的な違いはないのだから，このようにして得られたドーナツ面上の，多くの'区分的な座標'もまた同じレベルで見なければいけないだろう．

また3次元球面 S^3 上の'区分的な座標'として，北半球を赤道を越えて南側に少し広げたものと，南半球を赤道を越えて北側に少し広げたものをとって，これらを空間 R^3 上に広げたものを採用することは，いかにも自然なことのように思える（S^2 の場合，対応することを図48で示しておいた）．しかし，前節でもみたように，S^3 を調べるときには，S^3 は2つのドーナツを貼り合わせて得られたものだと考える方がよいときがある．そうすれば，必要によっては，それぞれのドーナツに'区分的な座標'を入れ，それをドーナツ面上で貼り合わせたようなものを，S^3 の'区分的な座標'として採用したものの方が，ずっと取り扱いやすいということも生じてくるだろう．したがって S^3 の構

図48

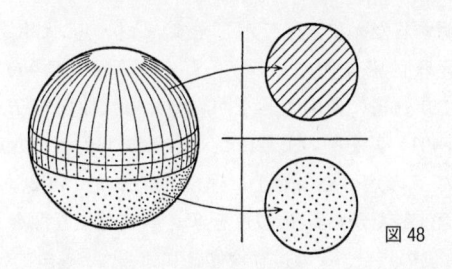

造を積極的に調べようとするには，この座標を用いることも，北半球，南半球から得られる座標を用いることも，どちらが便利かという違いはあるにしても，本来同じことだという強い確信が必要になってくるだろう．

実際，高次元の眼に見えない世界を対象とするとき，まるで手探りしながら道を求めるように，研究のテーマによって，座標をどんどん調べやすいものに取りかえていくことがある．場合によっては，座標をいかに選ぶかということは，研究対象をいかに表現するかという問題につながってくることもある．もしこのようなとき，座標を選びかえる十分の任意性が許されていなかったならば，私たちは思考の自由性が制約され，どうしてよいか困ってしまったろう．

ところが，このように，座標のとり方の自由度を増すと，今度は逆に，曲面の決まった形というものが，それほど重要な意味をもたなくなってくることに注意しよう．これを

説明するために，図で示しやすいということもあって，2次元球面 S^2 を例にとろう．S^2 をゴム膜でできていると思って，適当に伸縮させながらつくった曲面を T としよう（図49）．T を図のようにつくっておけば，S^2 の点は，もちろん T の点へと1対1に連続的に移っている．この対応は両連続だから，S^2 の点を T の点に移す写像を Φ とすれば，T の点は，その逆写像 Φ^{-1} によって，連続的に S^2 上に移される．

いま S^2 に '区分的な座標' を1組導入しよう．すなわち，S^2 は，$U_1, U_2, \cdots, U_n$ のような範囲で蔽われ，各 U_i ($i=1, 2, \cdots, n$) 上では，U_i から xy 平面へ，座標を与える1対1の両連続な写像 φ_i が与えられているとしよう．S^2 の範囲 $U_1, U_2, \cdots, U_n$ は，xy 平面上で，$U_1', U_2', \cdots, U_n'$

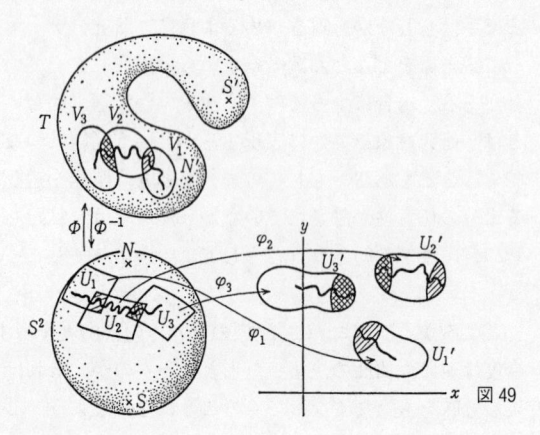

図49

へ移されているとする. U_1, U_2, …, U_n が相互に重なっている場所が, U_1', U_2', …, U_n' のどこの場所になっているか, また, そこで相互の座標変換がどんな形で与えられるかということがすべてわかれば, 私たちは, S^2 の方を見なくとも, xy 平面の方だけを見ていれば十分なわけである. すなわち, xy 平面はテレビのモニター室のような役目をはたしていて, U_1', U_2', …, U_n' の画面に映された (U_i から U_i' へ映像を送るのは, φ_i という座標写像である) 画像を見ていれば, S^2 で起きていることは, 少なくとも原理的には, すべてわかるはずである. モニターの役目は, 各 U_i' に映し出された一見ばらばらの像を, 座標変換の式を用いて重なり目でつなぎ合わせ, S^2 上の像として再現することであろう. 座標を用いて調べるということは, 実際そういうことを意味している.

S^2 上の範囲 U_1, U_2, …, U_n を Φ で移すと, T を蔽う範囲 V_1, V_2, …, V_n が得られる. V_i から xy 平面への写像 $\varphi_i \circ \Phi^{-1}$ ($i=1, 2, …, n$) を考えると, これは1対1両連続な写像だから, V_i 上の1つの座標を与えていると考えてよい. このようにして T 上の1組の'区分的な座標'が得られた. この T 上の座標の構成は, どこか人為的にみえるけれど, T 上の座標のとり方の任意性を考えれば, これは T 上のふつうのごく自然な,'区分的な座標'であると考えてよい. モニター室 xy 平面上で, T のこの座標を映すには, 見かけ上は前と全く同じ n 個の画面を用意しておくとよ

い．また画面を接続する座標変換も全く同じものでよい．
S^2 上に，たとえば，いま1つの曲線 C が与えられたとする．曲線 C は，Φ によって，T 上の曲線 $\Phi(C)$ に移る．xy 平面上のモニター室の方で，映し出された C の画像を追って，C の挙動を調べることはできる．しかしモニター室を見ている限り，これが S^2 上の曲線 C の，φ_i ($i=1, \cdots, n$) によって送られてきた画像なのか，T 上の曲線 $\Phi(C)$ の，$\varphi_i \circ \Phi^{-1}$ ($i=1, 2, \cdots, n$) によって送られてきた画像なのか判定するわけにはいかない．それはたとえていえば，画像を見ている限り，それが直接日本のテレビ局から送られてきたものか，別の国から（Φ^{-1} を通して）宇宙中継されてきたものか区別がつかないのと同じことである．

したがって，座標を通して調べるという立場を徹底する限り，S^2 の性質を調べることは，同時に T の性質も調べているということになる．逆に T の性質を調べることは，同時に S^2 の性質を調べることになっている．すなわち S^2 が示す固有の形は消えて，私たちが調べようとしているものは，図50で示したようなすべての曲面に共通した性質ということになってくる．この共通の性質とは，一体どのように考えたらよいものなのだろうか．

ここに，同相という概念，さらに詳しく対象を調べようとすると，微分同相という概念が登場してくる．第2章からはじまる主題は，このような概念が明確に述べられるできるだけ広い場を設定することである．第2章では，位相

図50

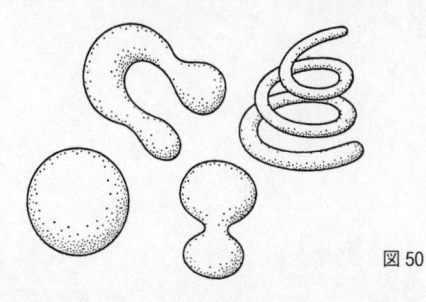

的な準備として，曲面とか，座標のことからひとまず離れて，位相空間の説明を与えよう．そこで述べることは，1920年代の終りまでにほぼ完成した理論の導入部分であって，抽象数学がもっとも盛んであった時期の話である．第3章での微分の概念を経て，第4章で多様体の概念を与える．ここではじめて，抽象数学から現代数学の流れへと乗り移っていくことになる．

第2章 近さの場（位相空間）

1. 距離の概念

私たちは，空間を認識する力とほとんど同じくらいに，近さの感じを先験的なものとしてもっている．遠近の感じを全く失ってしまっては，空間を認識するわけにはいかないだろう．

数直線上の近さは，ふつうは距離で表わされる．数直線上の点を実数と同一視してしまえば，2点 x と y の距離 $\rho(x, y)$ は，x と y の差の絶対値として，
$$\rho(x, y) = |x-y|$$
で与えられる．

直交座標を導入した平面上の2点 $x=(x_1, x_2)$ と $y=(y_1, y_2)$ の距離 $\rho(x, y)$ は
$$\rho(x, y) = \sqrt{(x_1-y_1)^2+(x_2-y_2)^2}$$
で与えられる．ここでは，直角三角形の斜辺の長さを，直角をはさむ他の2辺の長さを用いて表わすピタゴラスの定理を用いている．

直交座標を導入した空間上の2点 $x=(x_1, x_2, x_3)$ と $y=(y_1, y_2, y_3)$ の距離 $\rho(x, y)$ は

$$\rho(x, y) = \sqrt{(x_1-y_1)^2+(x_2-y_2)^2+(x_3-y_3)^2}$$
で与えられる．（図 51（Ⅲ）で，$\overline{PQ}^2=\overline{PR}^2+\overline{RQ}^2=\overline{P'Q'}^2+\overline{RQ}^2=\overline{P'S}^2+\overline{SQ'}^2+\overline{RQ}^2$ に注意．）

これらの距離はすべて

（ⅰ） $\rho(x, y) \geqq 0$；ここで等号が成り立つのは $x=y$ のときに限る，

（ⅱ） $\rho(x, y) = \rho(y, x)$,

（ⅲ） $\rho(x, z) \leqq \rho(x, y) + \rho(y, z)$

という関係をみたしている．（ⅲ）は，三角形の 2 辺の和は他の 1 辺より大なりという関係を表わしている．ただし，数直線の場合には，この関係は，退化した（つぶれた）三角形に対して適用した形で成り立っていると考える．私たちはこの距離のもつ（ⅰ），（ⅱ），（ⅲ）の性質だけに注目して，近さに関係する議論をしたいので，当分の間，直線，平面，空間のどこで考えているかを，むしろ明らかにせず，そのいずれか 1 つの所で考えているというつもりで話を進

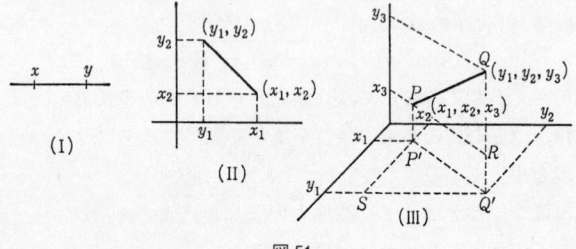

図 51

めよう.

　点 x からみた場合, 別の点 y が x に近いかどうかは, x と y との距離を測ってみればわかる. 2点 y, z があって $\rho(x, y) < \rho(x, z)$ が成り立っていれば, y は z より x に近いのである. したがって, x にどんどん近づく（または収束する）点列 $\{x^{(1)}, x^{(2)}, \cdots, x^{(n)}, \cdots\}$ とは, n が大きくなるにつれ x と $x^{(n)}$ の距離がしだいに小さくなる点列のことであって, したがって

$$\rho(x, x^{(n)}) \longrightarrow 0 \quad (n \to \infty)$$

が成り立つ点列のことである. 距離の性質(ii), (iii)を使うと, このとき

$$\rho(x^{(m)}, x^{(n)}) \leqq \rho(x, x^{(m)}) + \rho(x, x^{(n)}) \longrightarrow 0 \quad (m, n \to \infty)$$

が成り立つことがわかる. すなわち, 収束する点列は, 番号が先になるにつれ, しだいに密集してくる性質がある.

　私たちは, 距離を用いて, 開集合と閉集合という概念を導入したい. まず開集合とは, 点のある集まりであって, その集まりを国, また点を人にたとえれば, その国に属するどの人も, 自分の十分小さなまわりを見まわすと, 皆自分と同じ国に属する人からなっているようなものである. すなわち, 点の集まり O が**開集合**であるとは, 任意に O の点 x をとったとき, 十分小さい正数 ε をとっておくと, $\rho(x, y) < \varepsilon$ をみたす点 y は必ずまた O に属するという性質をもつことである. もし O に国境があると仮定すれば, 国境に立つ人は, どんな小さい範囲に限っても, 隣国がそ

の範囲に入ってしまって，上の性質に矛盾する．だから開集合とは，国境が自分の領土に属していない，その意味で国境をもたない国のようなものである．図52では，平面上の開集合の例を図示しておいた．この図で右側に書いてあるのは，それぞれの点で，どのように自分のまわりの範囲を選んでおけば，その範囲が同じ開集合に属しているかを示したつもりである．開集合が，前に述べた意味で国境をもたないという感じを，多少違った見方から，もう少しよく感じ取るためには，この図で示した開集合で，内部からどんどん境界の方へ近づいていくとき，境界に近づけば近づくほどしだいに速度がおくれてきて，点線で示してある見かけ上の境界は，絶対辿りつけない無限の彼方にあるとみてしまえばよい．

いくつかの開集合を集めたもの（和集合）はまた開集合である．このことはすぐわかることである．また一方 O_1, O_2 が開集合ならば，その共通部分 $O_1 \cap O_2$ も開集合であ

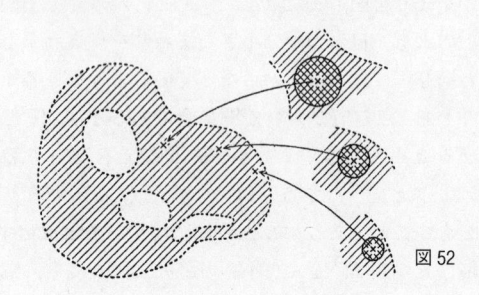

図52

る．ただし，ここでいっていることをより正確にするためには，O_1 と O_2 が共通点のないとき，$O_1 \cap O_2$ は空集合となるから，空集合もまた開集合として取り扱うと約束しておかなくてはならない．そのように約束しておけば，このことを示すには，O_1 と O_2 が共通点のある場合だけ考えればよい．共通点を1つとって x としよう．適当に正数 ε_1, ε_2 をとると，ε_1 の範囲内の点は O_1 に属し，ε_2 の範囲内の点は O_2 に属している．したがって ε_1, ε_2 の小さい方を ε とすると，ε の範囲内の点は O_1 と O_2 の両方に，すなわち $O_1 \cap O_2$ に属していることになる．このことは，$O_1 \cap O_2$ が開集合のことを示している．

いま，開集合 O の中の点 x に近づく点列 $\{x^{(1)}, x^{(2)}, \cdots, x^{(n)}, \cdots\}$ を考えよう．x の十分小さいまわりの点は O に属しているし，一方この点列は，いつかは（たとえば N 番目以上は）このまわりに入ってこなくてはならない．すなわち，

$x^{(n)} \longrightarrow x\,(n\to\infty)$ ならば，適当に番号 N を選ぶと，

$n \geq N$ のとき $x^{(n)} \in O$

が成り立つ（図53）．

今度は，O の中の点列 $\{y^{(1)}, y^{(2)}, \cdots, y^{(n)}, \cdots\}$ がある点 y に近づく場合を考えよう．このとき y は O の点であることもあるし，O の点でないこともある．O の点でない場合は，y が O の境界の点のときである（図53）．

それでは，開集合 O が与えられたとき，O の補集合（O

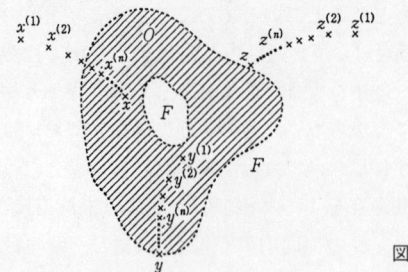

図 53

を取り除いた残りの部分）F はどのようになっているだろうか．F の中の点列 $\{z^{(1)}, z^{(2)}, \cdots, z^{(n)}, \cdots\}$ があって，これが点 z に近づくとする．そのとき z は必ずまた F に入っていなくてはならない．なぜなら，z が F に入っていないと仮定すれば，z は O に入っており，したがって番号 N を十分大きくとると，$n \geqq N$ のとき，$z^{(n)}$ は O に入ってしまう（したがって F の中にはない）ことになって，矛盾してしまうからである（図53）．

この性質，すなわち
$z_n \in F\,(n=1, 2, \cdots),\ z_n \longrightarrow z\,(n \to \infty)$ ならば $z \in F$
をみたす点の集まり F を，**閉集合**という．

いまわかったことは，開集合を除き去った残り（補集合）は閉集合となるということである．同じようにして，閉集合の補集合は，開集合となることも証明される．

図54では，直線，平面，空間の場合に，それぞれ開集合，

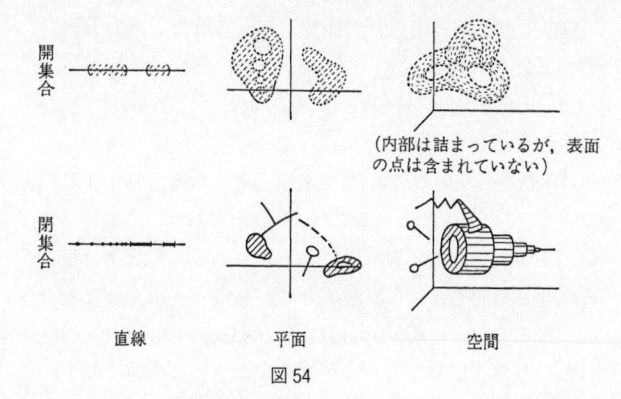

	直線	平面	空間
開集合			(内部は詰まっているが，表面の点は含まれていない)
閉集合			

図 54

閉集合の例を与えておいた．

次に，直線，平面，空間に，距離によって導入された近さの概念を用いて，連続写像を定義しよう．そのため，どの場合も同じだから，平面から平面への写像 f を考えることにし，写像 f が**連続**であるとは，条件

(A) $\quad x_n \longrightarrow x \ (n \to \infty)$ のとき
$\qquad f(x_n) \longrightarrow f(x) \ (n \to \infty)$

が成り立つこととして定義する．すなわち，近づくものは，いつも近づくものへ移すという性質である．対応する性質を，直線から直線の場合にグラフでいってみると，直観的には，f のグラフが切れずにつながっていることを意味している．(A)はまた次のようにいいかえることもできる．

(B) 点 x と，正数 ε が任意に与えられたとき，適当に正数 δ を選ぶと

$\rho(x, y) < \delta$ のとき $\rho(f(x), f(y)) < \varepsilon$

が成り立つ．

(B)で述べていることは，ε を任意に，たとえば 1/100 にとると，δ としてたとえば 1/100000 をとれば，上の関係が成り立つということをいっているのである．点 x と，与えられた ε に対して，δ の選び方はもちろん f によって異なる．ここで(A)と(B)の同値性を証明しておこう．

もし写像 f に対して(A)が成り立たないと仮定すると，$x^{(n)} \longrightarrow x (n \to \infty)$ だが，$f(x^{(n)})$ は $f(x)$ に近づかないような，点 x と点列 $x^{(n)}$ ($n=1, 2, \cdots$) が存在することになる．$f(x^{(n)})$ が $f(x)$ に近づかないということは，$f(x)$ のまわりにある範囲，たとえば距離を適当な正数 ε 以内の範囲にとっておくと，n がどんどん大きくなっていくとき，いつまでたってもこの範囲に入ってこないような点列 $\{f(x^{(n_1)}), f(x^{(n_2)}), \cdots, f(x^{(n_i)}), \cdots\}$ が見出せるということである．（グラウンドで先生が子供達に集まれといったとき，皆が集まって来ないということは，どこか先生から離れた場所で（たとえば ε 以上離れた場所で）いつまでも遊んでいる子供達がいるということである．）

点列 $\{x^{(n_1)}, x^{(n_2)}, \cdots, x^{(n_i)}, \cdots\}$ はいくらでも x に近づいていくのに，f で移すと，$f(x^{(n_i)})$ は $f(x)$ から ε 以内の範囲の外側にいる．このことは，この ε に対しては，正数 δ

をどんなにとっても(B)が成り立たないことを示している．したがって帰謬法により，(B)が成り立てば(A)が成り立つことが示された．

逆に，写像 f に対して(B)が成り立たないと仮定しよう．そのとき，適当な点 x と正数 ε をとると，どんなに δ を小さくとっても，x から δ 以内にある点が，f で移したとき，$f(x)$ の ε 以内にすっぽりと入ってしまうことがないという現象が生ずる（図55）．したがって δ として 1, 1/2, 1/3, …, 1/n, … と順次とっていくと，$\rho(x, y^{(n)}) < 1/n$ であるが，$\rho(f(x), f(y^{(n)})) > \varepsilon$ が成り立つような点列 $\{y^{(1)}, y^{(2)}, …, y^{(n)}, …\}$ を見出せることになる．この点列に対しては，$y^{(n)} \longrightarrow x (n \to \infty)$ であるが，$f(y^{(n)})$ は $f(x)$ に近づかない．したがって(A)が成り立たない．帰謬法を用いれば，これで(A)が成り立てば(B)が成り立つことが示された．

(B)の条件をさらに書き直したい．そのため，平面上に

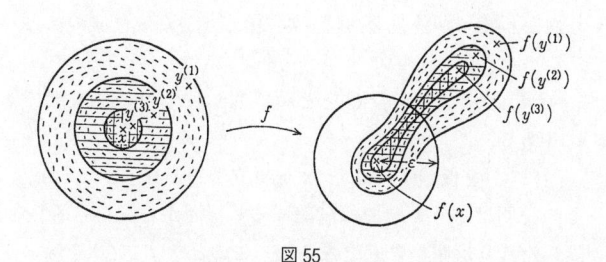

図55

任意に開集合Oをとろう．平面から平面への写像fが与えられたとき，fで移すとOに含まれてしまうような点全体を，fによるOの逆像といい，$f^{-1}(O)$で表わす．すなわち，集合の記法を使えば，$f^{-1}(O)$は

$$f^{-1}(O) = \{x \mid f(x) \in O\}$$

と表わされる．$f^{-1}(O)$に属している任意の点xをとる．同じことであるが，$f(x)$がOに含まれているような点xをとる．Oは開集合だから，十分小さい正数εをとると，xからε以内の範囲にある点はまたOに含まれている．いまfを連続としよう．そうすると，条件(B)が成り立つから，このεに対して正数δを適当にとると，$\rho(x, y) < \delta$をみたすyは，fで移すと，$f(y)$は$f(x)$からε以内のところにあるというようにできる．すなわち，xからδ以内の範囲にある点yは，fで移すと必ずOの中に入ってしまう，いいかえれば$y \in f^{-1}(O)$が成り立つ．このことは，$f^{-1}(O)$の任意の点xからδ以内にある点全体が$f^{-1}(O)$に属することを示しているから，$f^{-1}(O)$は開集合である．したがってfが連続ならば，次の条件(C)が成り立つことになった．

(C) どんな開集合Oをとっても，$f^{-1}(O)$は開集合である．

逆に(C)を仮定すれば(B)が成り立つことも示されるが，その証明はもうここでは省略する．平面から開集合Oを除いた残りは閉集合Fとなるが，このとき$f^{-1}(O)$を除い

た残りはちょうど $f^{-1}(F)$ になることが示されるから,条件(C)で述べた $f^{-1}(O)$ が開集合になるという性質は,実は,$f^{-1}(F)$ が閉集合になるといっても同じことである.したがって(C)はまた次の条件(D)と同値である.

(D) どんな閉集合 F をとっても,$f^{-1}(F)$ は閉集合である.

読者はすでに察知されたように,いままで,直線,平面,空間の上で,それぞれの距離を用いて述べてきた事柄は,直線,平面,空間のもつ本質的な,固有な性質が関係するようなものではなかった.すなわち今までの議論では,直線,平面,空間は単に背景として拡がって存在していただけであって,実際本質的な役目を果したのは,その上で定義された(i),(ii),(iii)の3つの性質をみたす距離であった.したがってその観点を徹底してしまえば,背景として必要なものは,何の性質ももたない'ものの集まり'——集合——でよいということになってくる.この集合の上に(i),(ii),(iii)をみたす距離 $\rho(x, y)$ が与えられていれば,いままでの議論はすべて可能となったであろう.この明快な立場は,距離空間の立場である.

すなわち,集合 X と,X の順序づけられた 2 点 x, y に対して実数 $\rho(x, y)$ を対応させる規則が与えられて,それが(i),(ii),(iii)をみたすとき,X と ρ の組 (X, ρ) を**距離空間**という.また ρ を X 上の**距離**という.距離空間に対しては,点列の収束,開集合,閉集合等の概念が導入さ

れ，また，2つの距離空間 (X, ρ) と (Y, ρ') が与えられれば，X から Y へ写像が連続である等の概念も上と同様に与えることができる．そしてこれらの概念は，上に述べてきた性質をすべて同様にみたしている．

ここで距離空間の実例をいくつか与えておこう．

（I） k 次元ユークリッド空間

k 次元実空間 $\boldsymbol{R}^k$ の 2 点 $x=(x_1, x_2, \cdots, x_k)$ と $y=(y_1, y_2, \cdots, y_k)$ の距離 $\rho(x, y)$ を
$$\rho(x, y) = \sqrt{(x_1-y_1)^2+(x_2-y_2)^2+\cdots+(x_k-y_k)^2}$$
で与えることにより得られる距離空間を，**k 次元ユークリッド空間**という．実際は，このように定義しても差し支えないためには，ρ が (i), (ii), (iii) の条件をみたしていることをみなくてはならない．(i), (ii) は今の場合明らかなのだが，(iii) が成り立つことは証明しておく必要がある．示すべき式は
$$\sqrt{(x_1-z_1)^2+\cdots+(x_k-z_k)^2} \leq \sqrt{(x_1-y_1)^2+\cdots+(x_k-y_k)^2} \\ +\sqrt{(y_1-z_1)^2+\cdots+(y_k-z_k)^2}$$
である．かんたんのため，$a_i=x_i-y_i$, $b_i=y_i-z_i$ ($i=1, \cdots, k$) とおくと，$a_i+b_i=x_i-z_i$ ($i=1, \cdots, k$) となるから，
$$\sqrt{(a_1+b_1)^2+\cdots+(a_k+b_k)^2} \leq \sqrt{a_1^2+\cdots+a_k^2}+\sqrt{b_1^2+\cdots+b_k^2}$$
を示せばよいことになる．この式の両辺は負とならないから，両辺を 2 乗した不等式が成り立つことをみるとよい．実際 2 乗すると
$$(a_1+b_1)^2+\cdots+(a_k+b_k)^2 \leq a_1^2+\cdots+a_k^2+b_1^2+\cdots+b_k^2$$

$$+2\sqrt{a_1^2+\cdots+a_k^2}\sqrt{b_1^2+\cdots+b_k^2}$$

となるから，これを整理して，結局証明すべき不等式は

(1) $\quad a_1b_1+\cdots+a_kb_k \leq \sqrt{a_1^2+\cdots+a_k^2}\sqrt{b_1^2+\cdots+b_k^2}$

に帰着された．

この不等式は，シュワルツの不等式としてよく知られているものであって，これを示すには，t に関する 2 次式

$$(a_1t+b_1)^2+\cdots+(a_kt+b_k)^2$$
$$= (a_1^2+\cdots+a_k^2)t^2+2(a_1b_1+\cdots+a_kb_k)t+(b_1^2+\cdots+b_k^2)$$

を考えるとよい．（$a_1=\cdots=a_k=0$ のときだけ，この式は退化して 2 次式とならなくなるが，そのとき(1)の両辺はともに 0 になってすでに成立しているから，それ以外の場合を考えることにする．）この 2 次式は決して負にならないから，その判別式は正となることはない．したがって

$$(a_1b_1+\cdots+a_kb_k)^2 \leq (a_1^2+\cdots+a_k^2)(b_1^2+\cdots+b_k^2)$$

が得られる．この両辺のルートをとって，一般に実数 a に対して $\sqrt{a^2}=|a|\geq a$ が成り立つことに注意すると，(1)の成立することがわかる．

(II) 連続関数の空間

数直線上の閉区間 $[0, 1]$ 上で定義された実数値をとる連続関数全体のつくる集合を $C[0, 1]$ とおく．$f, g \in C[0, 1]$ に対して

$$\rho(f, g) = \max_{0\leq t\leq 1}|f(t)-g(t)|$$

とおくと，ρ は（ⅰ），（ⅱ），（ⅲ）をみたすことが示され，し

たがって，$C[0, 1]$ は，この距離によって距離空間となる．この空間の'点列' $f_n (n=1, 2, \cdots)$ が f に近づくということは，ふつうの言葉でいえば，'関数列' $f_n (n=1, 2, \cdots)$ が $[0, 1]$ 上で f に一様収束することと同値である．

(Ⅲ) 数列空間

実数列 $\{a_1, a_2, \cdots, a_n, \cdots\}$ 全体のつくる集合を $\boldsymbol{R}^\infty$ とおく．$\boldsymbol{R}^\infty$ の2つの元 $a=\{a_1, a_2, \cdots, a_n, \cdots\}$, $b=\{b_1, b_2, \cdots, b_n, \cdots\}$ に対し

$$\rho(a, b) = \sum_{n=1}^\infty \frac{1}{2^n} \frac{|a_n - b_n|}{1 + |a_n - b_n|}$$

とおくと，ρ は(ⅰ),(ⅱ),(ⅲ)をみたすことが示され，したがって，$\boldsymbol{R}^\infty$ は，この距離によって距離空間となる．

2. 近さの概念

2つの距離空間 $(X, \rho), (Y, \rho')$ が与えられたとしよう．X から Y の上への1対1の連続写像 f があって，その逆写像 f^{-1} は，Y から X への連続写像となっているとき，f は，X から Y への**同相写像**という（図56）．(X, ρ) と (Y, ρ') の間に同相写像があるとき，(X, ρ) と (Y, ρ') は**同相**であるという．同相写像 f によって，(X, ρ) と (Y, ρ') が同相になっているとすると，X 上の，x に近づく点列 $x_n (n=1, 2, \cdots)$ は，f によって，Y 上の $y(=f(x))$ に近づく点列 $y_n (=f(x_n))(n=1, 2, \cdots)$ に移されている．逆に Y 上の収束する点列は，f^{-1} によって，X 上の収束す

図56

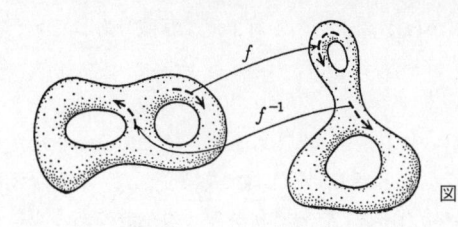

る点列に移されている．したがって，X と Y 上に存在している近さの概念は，f と f^{-1} によって互いに移り合っており，近さという観点に立つ限り，距離空間 (X, ρ) と (Y, ρ') は区別する必要はないといえる．(X, ρ) と (Y, ρ') が同相であるということは，たとえていえば，どちらが実像でどちらが虚像かといった区別はなく，互いに，一方が他方へ（f または f^{-1} によって）その姿を映し合っているようなものであり，この映し合いで，'近さ'という姿は保たれていることを意味している．その意味では，(X, ρ) と (Y, ρ') は同じ近さの概念を共有しているといってよい．

しかし，(X, ρ) と (Y, ρ') が同相であったとしても，距離自体は互いには移り合っていない．たとえば，X も Y も数直線，したがって $\rho(x, y)$ も $\rho'(x, y)$ もともに $|x-y|$ で与えられている場合を考えよう．このとき x に対して x^3 を対応させる写像

$$f : f(x) = x^3$$

は，XからYの上への1対1連続写像であって，その逆写像f^{-1}は

$$f^{-1}: f^{-1}(y) = \sqrt[3]{y}$$

で与えられるから，f^{-1}もまた連続である．したがってfは，XからYへの同相写像であるが，たとえば$f(0)=0$，$f(2)=8$だから，X上で0から2の距離にある点は，fで移すと，Y上で0から8の距離にある点へ移されてしまう．すなわち，この場合一般には$|x-x'| \neq |f(x)-f(x')|$であって，距離はfで保たれない．

実際，私たちの日常の体験に照らしてみても，近さの概念は，距離の概念よりも先立って存在するものではなかろうか．私たちは，ふつう，考えている空間に対して，遠い近いの感じがまず先にあって，次にそれをどのように測ろうかと考えていくだろう．同じ近さの概念を与えるような，いろいろな長さの測り方があることも私たちは経験で知っている．そしてその場合，どの測り方を採用するかは，むしろ便宜的なものだと感じている．そのように考えてみると，近さの概念の方が，距離の概念より，はるかに深いところにあるのではなかろうか．

このような近さの概念を，数学的にいかに抽象して取り出してくるかという問題は，位相空間論の初期における主要な問題であった．近さの概念を抽象化し，数学の中で定式化しようとするこの道は，歴史的には決して容易な道ではなかったが，完成してしまった上で見ると，近さの概念

の中からいろいろの概念を抽出し，それに応じていろいろな出発点から出発して理論構成を試みても，結局は同じところ——位相空間——に辿りつくという結果になってしまった．以下では，必ずしも直観的な近づき方とはいえないかもしれないが，抽象数学の感じをよく伝えてくれるように思うので，開集合から出発する道を選んで，位相空間に関する簡単な解説を試みてみよう．

私たちが考える手がかりは，次のようなものである．2つの距離空間 (X, ρ)，(Y, ρ') の間に，同相写像 $f: X \to Y$ が与えられているとしよう．f は X から Y への連続写像だから，前節の条件(C)をみたしており，したがって，Y のどんな開集合 O' をとっても，$f^{-1}(O')$ は X の開集合となっている．また逆写像 f^{-1} は Y から X への連続写像を与えているから，ここにもやはり条件(C)が使えて，X のどんな開集合 O をとっても，$f(O)$ は Y の開集合となっていることがわかる（ここで逆写像の逆写像はもとの写像であること，$(f^{-1})^{-1} = f$ を用いた）．f は X から Y の上への1対1の写像だったから，X の部分集合は，f によって，Y の部分集合へとそっくりそのまま移されているが，いまわかったことは，このとき，開集合は開集合へと移されているということである（図57）．このことは，開集合全体の集まりは，同相写像で保たれることを意味している．

したがってこのことから，開集合全体の集まりが，距離空間 (X, ρ) の中に内在している近さの概念を規定してい

図 57

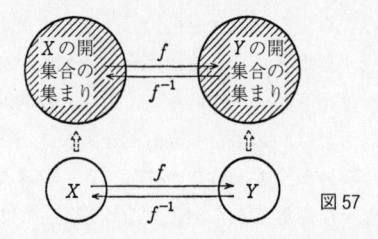

るのではないかと考えられないだろうか.

　距離空間という立場からも離れて,さらにこの考えを抽象化し,集合 X が与えられたとき,X の部分集合の中でどれが'開集合'かを指定できるような規則を与えておけば,それが X に近さの概念を与えたことになるというわけにはいかないだろうか.これは大胆な着想である.しかしこのような着想に確かな意味があり,これを数学の言葉によって考え,語ることができるということを示したのは,確かに抽象的な立場に立つ数学がもたらしたもっとも大きな貢献のひとつであった.

　集合 X の部分集合の中に,開集合の集まりを規定するためには,開集合の集まりと名づけられるものが,どれだけの性質をみたすことが望まれるかを明らかにしなくてはならない.距離空間の場合にすでに与えられている開集合の概念の中から,'近さ'に本質的に必要と思われるいくつかの性質を取り出し,それらをしだいに昇華していくと,最後には次の (O 1) から (O 4) までの, 4 つの性質にいわ

ば結晶していくことが,位相空間論の成立の過程で示された.

集合 X の部分集合の集まり $\mathcal{O}$ で次の条件(O1)から(O4)までをみたすものが与えられたとする.

(O1) O_1 と O_2 が $\mathcal{O}$ に含まれていれば,共通部分 $O_1 \cap O_2$ も $\mathcal{O}$ に含まれている.

(O2) 集合族 $\{O_\alpha ; \alpha \in A\}$ に属する 1 つ 1 つの O_α が $\mathcal{O}$ に含まれていれば,その全体の和集合 $\bigcup_{\alpha \in A} O_\alpha$ もまた $\mathcal{O}$ に含まれている.

(O3) 全空間 X は $\mathcal{O}$ に含まれている.

(O4) 空集合 $\emptyset$ は $\mathcal{O}$ に含まれている.

ここで(O2)については,少し説明がいるかもしれない.(O2)の中にかかれている A は空でない集合であって,A の元 1 つ 1 つに,$\mathcal{O}$ に属する集合が対応しているとし,A の元 α に対応する集合を O_α とかいたのである.$\{O_\alpha ; \alpha \in A\}$ を,A によって添数のつけられた集合族という.

集合 X に,(O1)から(O4)までをみたす集合族 $\mathcal{O}$ が与えられたとき,X に 1 つの**位相**が与えられたといい,$\mathcal{O}$ に属する X の部分集合を X の**開集合**という.位相の与えられた集合を**位相空間**という.

位相という言葉は,現代数学の中ですでに確立してしまった言葉である.しかし,私たちのいままでの話の流れの中では,位相という言葉は,近さの概念,あるいはもっと

端的に‘近さ’といった方が自然かもしれない．

　位相空間は，近さの概念を抽象化してその究極に得られたものであるが，得られたものをみると，広漠として，とらえどころがないような感を呈している．カントルによって導入された集合概念が，ものが存在することを保証する数学のなかのもっとも原始的な立場を与えているとすれば，位相空間は，あるいは，近さという概念が存在することを保証する数学のなかのもっとも原始的な場であるといってよいのかもしれない．位相空間は，曲面概念よりはむしろ集合概念に近い．そこでは，私たちのもつ素朴な近さの直観に近づこうとしているよりは，むしろそれを捨てて，近さのからくりに注目し，その論理的な骨組みを明らかにしようとしているようにみえる．

　たとえば，集合 X の2つの部分集合 A, B だけに注目するとき，A, B を X の開集合とするような位相を X に導入することができる．それには $\mathcal{O}$ として $\{X, A \cup B, A, B, A \cap B, \emptyset\}$ をとるとよい．実際，$\mathcal{O}$ は (O 1) から (O 4) までをみたしており，したがって $\mathcal{O}$ を X の開集合族として採用することができて，この位相では，A, B は確かに X の開集合となっている．$\mathcal{O}$ として別のとり方もある．たとえば X のすべての部分集合のつくる族を $\mathcal{O}$ としてしまえば，確かに $\mathcal{O}$ は (O 1) から (O 4) までをみたしている．$\mathcal{O}$ を開集合族として X に位相を導入すれば，この位相でも，A, B は開集合となっている．このような推論を支えてい

るのは，私たちの論理的な力であって，空間的な直観が背景にあるわけではないだろう．ここでは，近さのもつ意味は，数学の形式の中に完全におきかえられ，私たちの直観は，ここではむしろこの形式に融和しようとする方向にはたらいている．

さて，位相空間 X が与えられたとし，その開集合族を O とする．このとき近さの概念に附随する種々の概念が X 上に次のように導入される．（読者はここでは，概念の導入されていく模様を，気楽に眺めていただくだけで十分である．）

(a) 閉集合

X の部分集合 F が**閉集合**であるとは，X から F を除いた残りが開集合となっているときであると定義する．(O 1)，(O 2) に対応して，F_1, F_2 が閉集合ならば，$F_1 \cup F_2$ は閉集合であり，また $\{F_\alpha : \alpha \in A\}$ を閉集合族とすればその共通部分 $\bigcap_{\alpha \in A} F_\alpha$ も閉集合である（図 58(a)）．

(b) 近傍

X の部分集合 S に対して，S を含む集合 V で，適当に開集合 O をとると

$$S \subset O \subset V$$

が成り立つとき，V を S の**近傍**という．特に S が 1 点 x のとき，V を点 x の近傍という．(O 3) を参照すると，どのような S に対しても，全空間 X は S の 1 つの近傍となっていることがわかる．V が S の近傍ならば，V を含むどん

な部分集合UをとってもUはまたSの近傍となる．Sを含む開集合は，必ずSの近傍となる（上の近傍の定義で$O=V$の場合！）．このような近傍をSの**開近傍**という（図58(b)）．

(c) 閉 包

Xの部分集合をSとする．Xの点xで，xのどの近傍VをとってもSと共通点をもつようなもの全体のつくる部分集合をSの**閉包**といい，$\bar{S}$で表わす：

$$\bar{S} = \{x | x\text{の任意の近傍}V\text{に対し}V \cap S \neq \emptyset\}.$$

$\bar{S}$は，Sを含む最小の閉集合である（図58(c)）．

(d) 内 点

Xの部分集合Sに対し，Sの点xで，xの適当な近傍Vをとると，$V \subset S$が成り立つようにできるとき，点xをSの**内点**という．Sの内点全部を集めてできる部分集合は，Sに含まれる最大の開集合となる（図58(d)）．

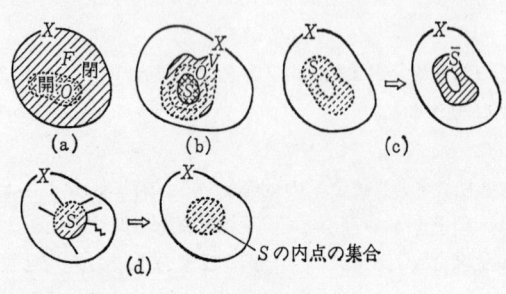

図58

2. 近さの概念

　位相空間を表わすには，集合Xと与えられた開集合族$\mathcal{O}$とをあわせて，$(X, \mathcal{O})$とかいた方がはっきりするが，特別の必要のないときには，特に$\mathcal{O}$を表立ってはかかずに，位相空間Xというように簡単に表わすことにする．

　2つの位相空間XとYに対して，XからYへの写像fが**連続**であるとは，Yの任意の開集合O'をとってきたとき，$f^{-1}(O')$がXの開集合になっているときと定義しよう．この定義は，すでにみたように，直線から直線，平面から平面への写像の場合，連続性をε-δを用いて定義しているものと一致している．したがってこれはふつうの連続性の抽象化にほかならない．fをXからYへの連続写像とすると，Yのどんな閉集合F'に対しても，$f^{-1}(F')$はXの閉集合となっている．一般の位相空間では，点列の収束の概念をそのままもちこんでくることは適当ではないから（実際は，点列の概念は有向点系またはフィルターの概念におきかえる必要が生じてくる），平面や空間の場合の点列の収束を用いる連続性の条件を，そのまま位相空間の場合に述べるわけにはいかない．しかし，それにかわるものとして，XからYへの写像fが連続となるための必要十分な条件は，Xの任意の部分集合に対して
$$f(\bar{S}) \subset \overline{f(S)}$$
が成り立つことである，という性質を用いることはできる．

　さて，特にfがXからYの上への1対1写像の場合，

逆写像 f^{-1} を考えることができ，f^{-1} は Y から X の上への1対1写像を与えている．f と f^{-1} がともに連続のとき，f は X から Y への**同相写像**であるという．また2つの位相空間 X と Y の間に同相写像が存在するとき，X と Y は**同相**であるという．f が同相写像ならば，Y の開集合は f^{-1} で X の開集合へ移され，また X の開集合は f により Y の開集合に移される．f は X から Y の上への1対1写像だったから，f は，X の部分集合の集まりを，やはり1対1に，Y の部分集合の集まりの上に移していたことを注意しよう．そうすると，いま述べたことは，f は，X の開集合の集まりを，そっくりそのまま Y の開集合の集まりへ移してしまうことを意味している．ところが，X と Y の位相とは，その開集合族を与えることだけで定義されていたのだから，このことは，f によって，X と Y の位相が完全に移りあっているといっても同じことになる．したがってまた，開集合から出発して順次導入されていく位相空間としての種々の概念もまた，f によって，X から Y へと完全に移りあっているわけである．

　同じことを，少しいい方を変えて述べてみれば，位相空間に存在する種々の概念，または性質は，同相写像によってつねに保たれているし，また逆にそのような概念，または性質だけが，位相空間にとって固有なものとして存在しているわけである．

　互いに近さを保つ写像で移りあうような性質を，近さに

関係する性質ということにすると、このような漠然としたいい方の中に含まれるものは、いまははっきりと、それは位相空間上の概念であるといえるようになった。これは抽象数学のもたらした明快な立場である。

なお、X が位相空間のとき、X の部分集合 Y にも、X から導かれた自然な位相がはいることを注意しておこう。それを示すには、Y に開集合族を指定すればよいのだが、Y の部分集合 O' が

$$O' = Y \cap O \quad (O は X の開集合)$$

と表わされるとき、O' を Y の開集合として採用することにしておくとよい。このような O' の全体を $\mathcal{O}'$ と書くと、$\mathcal{O}'$ は (O 1) から (O 4) までの条件をみたすから、確かに Y に位相を与えている。X の部分集合 Y に、このような位相を導入して位相空間としたものを、**X の部分空間**という。

私たちは、たとえば平面の中から勝手に部分集合をとったとき、そこにも近さを考えることができると感じているのは、実はその部分集合に、平面の位相から導かれた位相を導入していたからである。

3. 位相空間から実数へ向けて

位相空間は、近さのもつ数学的な骨組み、あるいは近さの構造といったものを明らかにしたが、それは全く抽象的な場である。私たちの近さに関する直観が、このような抽

象的な場にも知らないうちに入りこんで，その論理構造を手繰る糸を後ろで操る様子が，それ自身，確かに関心のあることである．だが，私たちの近さに関する直観がいきいきとはたらき出すのは，やはり間違いなく，実数——数直線——に関係する世界である．抽象的な位相空間から出発して，そこでは論理の奥に隠されてしまった幾何学的直観をもう一度呼び戻して活躍させるような，具体的な場に戻るには，どのような道があるのであろうか．

　私たちは，直線，平面，空間から，まず距離空間という概念を導き出し，それを足場としながら位相空間に辿りついた．したがって，このような道を求めていくための最初の問題設定として，抽象化してきた道の逆を辿って，位相空間の中から，距離空間をどのようにして特性づけるかを考えてみることは，ごく自然なことである．歴史的にもこの問題は，位相空間の距離づけの問題として，位相空間論の進展に強い刺戟を与えてきた．

　いま (Y, ρ) を距離空間とする．Y の相異なる2点 p, q をとると，p の近傍 U と，q の近傍 V を見出して，

(2) $$U \cap V = \emptyset$$

が成り立つようにできる．なぜなら，$\rho(p, q) = a$ とすると，$p \neq q$ から a は正数であって，したがって

$$U = \left\{x \,\middle|\, \rho(p, x) < \frac{a}{3}\right\}, \quad V = \left\{x \,\middle|\, \rho(q, x) < \frac{a}{3}\right\}$$

とおくと，U, V は求めるものとなっているからである．

3. 位相空間から実数へ向けて

　この性質は，一般の位相空間には必ずしも受け継がれていない．たとえば，極端な場合，与えられた集合 X に対して，その開集合は全空間 X と空集合 $\emptyset$ の 2 つだけであるとして位相を導入してしまうと，どんな点をとっても近傍は X だけであって，そのとき，もちろん (2) に相当する性質は成り立たない．このような，開集合が全空間と空集合からなるような空間では，点が離れている感じがまったくないのであって，私たちの近さに対する感覚からいえば，むしろ病的なものである．

　位相空間は，非常に抽象的な視点に立って出発したから，位相空間の枠の中には，距離空間とは本質的に異なる，実にいろいろな型の空間も含まれており，その中にはこのような極端なものまで含まれてしまっている．だが，私たちはいまは，'位相'という抽象化された性質の中にとりこまれてしまった'病的'なものの構造を調べることに関心はない．私たちは，近さの素朴な感じが直接はたらくような，'健康'な位相空間を求めようとしている．この道へ進む最初の一歩として，私たちは，すぐ前に述べた距離空間に対しては成り立っている性質を，位相空間に対するごく自然な条件であると認めていくことにしよう．すなわち

(H)　位相空間 X の相異なる 2 点 p, q に対して，適当な p の近傍 U と，q の近傍 V が存在して，
$$U \cap V = \emptyset$$
　　が成り立つ．

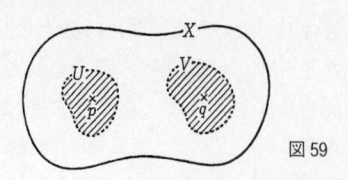

図59

この条件(H)をみたす空間を**ハウスドルフ空間**（または分離空間）という．条件(H)はあまりにも平明であって，位相空間といっても，ハウスドルフ空間といっても，私たちの中にある抽象的な感じは少しも変っていない（図59）．

私たちはこれからは，位相空間というときにはハウスドルフ空間を指すことにしよう．

1924年，ロシアの若い数学者ウリゾーンは，相異なる2点を含んでいる連結な位相空間の点の濃度は，少くとも連続体の濃度はあるのではないかという問題（この問題に関する解説は，ここでは省略するが）を考える過程で，次のような条件を位相空間に課すことは，非常に重要な結果へ導くことに気がついた．

(U) 位相空間 X の，共通点をもたない2つの閉集合 F_0, F_1 に対して，適当な F_0 の近傍 U と，F_1 の近傍 V が存在して，

$$U \cap V = \emptyset$$

が成り立つ．

この条件(U)の，前の条件(H)と異なる点は，条件(U)

は，私たちの近さの直観に照らしてみても，一体どのようなことを位相空間に課したのか判然としない点にある．条件(U)は，位相空間の中の言葉でしか述べるわけにはいかない．条件(U)は，日常の言葉で，たとえを用いて述べるわけにはいかないようである．実際，平面の場合でも，図60からも察せられるように，条件(U)が成り立つことを確かめるのは自明なことではない．また図60からもわかるように，条件(U)は，位相空間の局所的な近さの性質ではなくて，何か大域的な近さの性質といったものを規定しているのである．

ここでは述べないが，特に位相空間が距離空間の場合には，条件(U)が成り立つことを厳密に証明することができる．したがってまたそれからいえることは，条件(U)は，前節の距離の条件(i)，(ii)，(iii)からはすぐには読みとれないが，距離のなかに隠された性質として深く潜んでいたものを，はっきりとした形で取り出してきたことになっ

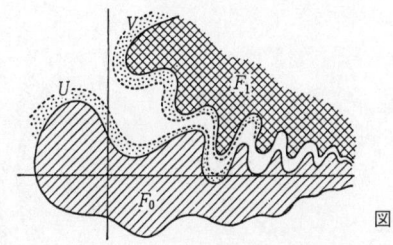

図60

ているということである.

条件(U)を少しずつ書き直してみよう. まず, 近傍の定義を思い出してみると, F_0 と U の間に (すなわち, F_0 を含んで U に含まれる) 開集合があり, また F_1 と V の間にも開集合がある. この開集合を, それぞれ改めて U, V と書き直しておけば, 条件(U)で, U, V ははじめから開集合としておいても同じことになる. したがってこれから条件(U)というときには, U, V はそれぞれ F_0 と F_1 の開近傍であって, $U \cap V = \emptyset$ をみたしているものとする.

F_1 は閉集合だったから, X から F_1 を除いた残りを F_1^c (F_1 の補集合!) と表わすことにすると, F_1^c は開集合である. V は開集合だから, X から V を除いた残り V^c は, 閉集合となっている. 図 61 を見るとわかるように, F_0, U, V^c, F_1^c の包含関係は

$$F_0 \subset U \subset V^c \subset F_1^c$$

となっている. 念のため, この包含関係で現われている集合が閉集合か開集合かを, わかりやすく書いておくと

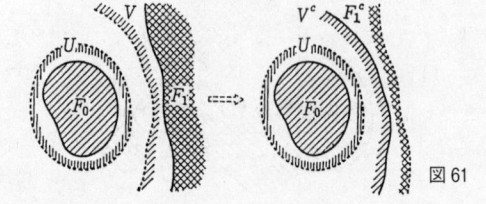

図 61

(3) 　　　　　　閉 ⊂ 開 ⊂ 閉 ⊂ 開
　　　　　　　　―　　　　　　―

となっている．ここで下に傍線を引いたのは，最初に与えられている集合（F_0 と F_1^c）である．条件(U)は，このとき，両端に挟まれた，真中の2つの集合（U と V^c）が存在することを保証する条件となっている．逆に，その意味で(3)が成り立つことを条件として位相空間 X に課せば，図61からもわかるように，X で条件(U)が成り立つことになる．

したがって私たちは，条件(U)の代りに，(3)が成り立つ位相空間 X はどのような性質をもつかを調べていくとよい．ところが(3)をよく見ると，閉⊂開という仮定から，

$$\underline{閉 ⊂ 開} ⊂ \underline{閉 ⊂ 開}$$

が導かれている．この ⌒ をつけた部分に，再び(3)（同じことであるが条件(U)）が使える形となっている．実際適用したものも，また同じような表わし方でかいてみると，

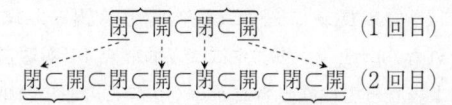

$$\overbrace{閉 ⊂ 開 ⊂ 閉 ⊂ 開} \qquad (1 \text{回目})$$

$$\underline{閉 ⊂ 開} ⊂ \underline{閉 ⊂ 開} ⊂ \underline{閉 ⊂ 開} ⊂ \underline{閉 ⊂ 開} \quad (2 \text{回目})$$

となる．この開集合と閉集合とを間に挟んでいく操作は次から次へと続けていくことができるだろう．それを，上のように順次1回目，2回目と数えていくことにする．この操作をくり返すたびに，F_0 と F_1^c の間を埋めていく集合がしだいに増加していくが，この系列の中に現われた開集合だけに注目すると，その個数は，1回目の操作では2個（そ

れはちょうど U と F_1^c で与えられている)，2回目の操作では4個，…，n 回目の操作では 2^n 個現われるようになっている．

このようにして得られた開集合の系列に番号をつけていきたい．n 回目に現われた開集合は $n+1$ 回目にも現われているから，n 回目に現われた開集合に勝手に番号をつけていくと，$n+1$ 回目にもう一度同じ開集合が現われたとき，前につけた番号と合わない番号がつけられるかもしれないという心配が生ずる．そのようなことを防ぐためには，数直線上の $[0, 1]$ 区間を $1/2^n$ 等分して，その等分点の座標

$$\frac{1}{2^n}, \frac{2}{2^n}, \frac{3}{2^n}, \cdots, \frac{k}{2^n}, \cdots, \frac{2^n-1}{2^n}, 1$$

を，n 番目の操作に現われた開集合に，順次番号としてつけていけばよい．このようにして，開集合の系列
$U_{1/2^n} \subset U_{2/2^n} \subset U_{3/2^n} \subset \cdots \subset U_{k/2^n} \subset \cdots \subset U_{(2^n-1)/2^n} \subset F_1^c$
が得られた（$n=1, 2, \cdots$）．ここで $F_0 \subset U_{1/2^n}$ である．またここには表立って取り出さなかったが，この開集合の間には，隔壁を作っているように閉集合が挟まっていたことを思い出しておこう．

これを図示してみると，図62のようになるだろう．この図を見て，私たちは何を想起するだろうか．私が強調したいのは，この図はまるで，海抜0の F_0 地域から，海抜1の F_1 台地までの間の等高線を描いた地図のように見える

3. 位相空間から実数へ向けて

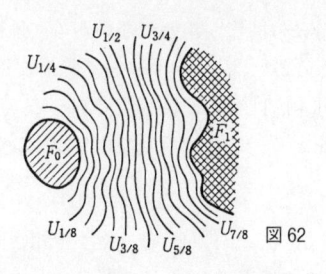

図62

ということである．等高線はいくらでも密にしていくことができる．各等高線の間には，図示はしてないが，閉集合のしきりがあるはずだから，この地図に断崖のようなものは起きそうにない．したがって，F_0 からしだいに連続的に海抜が高くなってきて，F_1 台地に辿りつくということになるだろう．この等高線は，位相空間 X 全体にわたって引かれているから，X の各点に高さが与えられたことになる．実際は，等高線をいくら密にしても，上の操作では，$k/2^n$ $(k=1, 2, \cdots, 2^n-1)$ の高さのところしか等高線上に現われないが，このような形で表わされる実数は $[0, 1]$ 区間の中で稠密だから，このような等高線をならしてしまえば（たとえていえば，地図ではなくて現実の地形として実現してしまえば），位相空間 X の各点にはある高さが対応してくる．（ここで厳密には，連続性に関する議論がいる．）

X の各点 x にこの高さを対応させる対応を $f(x)$ とす

る．等高線には断崖が現われないから，地形はなだらかであって，そのことは $f(x)$ が連続であることを示している．f は X から $[0, 1]$ への連続写像であって，F_0 上では 0，F_1 上では 1 をとる．これで有名な**ウリゾーンの定理**が証明された．

定理1 X を，条件(U)をみたす位相空間とする．F_0，F_1 を互いに共通点のない X の閉集合とする．そのとき，F_0 上では 0，F_1 上では 1 をとる，X から $[0, 1]$ への連続写像 f が存在する．

この定理により，位相空間の中にはじめて実数が明確な形で登場してきた．実は，位相空間 X で，この定理の結論が成り立つようなものを考えると，そのような位相空間は，必然的に条件(U)をみたしてしまうのである．なぜなら，F_0 上で 0，F_1 上で 1 をとる X から $[0, 1]$ への連続写像 f が存在すれば，

$$U = \left\{x \mid f(x) < \frac{1}{3}\right\}, \quad V = \left\{x \mid f(x) > \frac{2}{3}\right\}$$

とおくと，$F_0 \subset U$, $F_1 \subset V$, $U \cap V = \emptyset$ であって，さらに f の連続性から，U, V は開集合のことがわかる．したがって，U, V はそれぞれ F_0, F_1 を分離する近傍となって，条件(U)がみたされてしまうのである．

どんな位相空間 X をとっても，その各点で定数をとる関数，たとえば $f(x) = 1$ ($x \in X$) という関数は，X 上の連

続関数である．このような定数関数はつまらない．しかし，まったく一般の位相空間では，定数関数以外には実数値をとる連続関数は存在しないというものもある（たとえば，開集合として空集合と全空間だけをとった位相空間）．私たちがふつう考える，曲面とか，空間には，実にいろいろな関数が存在してそれらは多様なはたらきを示している．そのことを考えてみれば，定数関数以外には連続関数が存在しないような空間は，数学の研究対象として，いわば痩せた土地であって，稔り多いものを期待するわけにはいかないだろう．条件(U)は，連続関数が定数関数以外にたくさん存在するような位相空間は，どのようなものかを示す条件であったのである．

位相空間 X に，実数値をとる関数がたくさんあれば，それらが点 x でとる値は，x を別の点 y と区別するのに役立つデータとなるだろう．たとえば，X 上に1つの実数値関数 $f(x)$ が与えられたとき，それを X に等高線を与えるようなものだと考えれば，x と y が同じ等高線上にあるときには $f(x)=f(y)$ であって，f でとる値（高さ！）を調べる限りでは，x と y を区別するわけにはいかない．しかしもう1つ別の関数 $g(x)$ があって，それは X に等温線を与えているものだと考えれば，一般に高さが等しくても温度が違う場所があるから，$f(x)=f(y)$ でも $g(x) \neq g(y)$ となる可能性がある．もし $g(x) \neq g(y)$ ならば，データ f では区別されなかった x と y が，データ g では区別されたことに

なる.つまり,1つのデータ $f(x)$ を見ているよりは,2つのデータ $(f(x), g(x))$ を同時に見る方が,X 上の点の区別がはっきりしてくるだろう.f, g のほかに,さらに別の関数 h(たとえば等圧線)を使って3つのデータ $(f(x), g(x), h(x))$ を見れば,f と g だけで区別されなかった点(同じ高さで,同じ温度をもつ点!)が,さらに別のデータ h(気圧!)によって区別されてくることになるだろう.ウリゾーンの定理によれば,位相空間が条件(U)をみたしていれば,共通点のない閉集合 F_0, F_1 をいろいろに取りかえることにより,X 上にたくさんの連続関数が得られてくるはずである.これらの関数が X の各点でとる値を,各関数が送ってくるその点のデータだと思って,そのデータを全部並べれば(一般には関数は非可算個あるから,並べるということにはもう少し正確ないい方が必要であろうが),このデータは,位相空間 X に関するかなり精密な情報を与えるだろう.場合によっては,全部を用いなくとも,その一部分を用いるだけで,すでに十分精密なデータを与えていることもあるだろう.うまくすれば,この実数をたくさん並べたデータは,抽象的な空間 X の構造を,すべて明らかにしてしまうかもしれない.

　このような推測を裏づけるような1つの定理を実際与えることができる.それをこれから述べてみよう.そのためには2つの概念が新たに必要となる.このうちの1つは言葉を整えるだけのものであって,

条件(H)と条件(U)を同時にみたす位相空間を**正規空間**とよぶ,

というだけのことである.もう1つは,位相空間が可算基をもつという概念である.(この概念は,集合論の最初に現われる可算集合の概念になれていない読者には親しみ難いかもしれない.そのときは,この部分は,大体の理解で十分である.)

位相空間 X が**可算基**をもつとは,X の開集合の中に,適当な可算個の開集合 $O_1, O_2, \cdots, O_n, \cdots$ が存在して,X のどんな開集合 O も,$O_1, O_2, \cdots, O_n, \cdots$ の中から適当に(有限または無限の)系列 $O_{i_1}, O_{i_2}, \cdots, O_{i_n}, \cdots$ を選ぶことにより

$$O = O_{i_1} \cup O_{i_2} \cup \cdots \cup O_{i_n} \cup \cdots \quad (和集合!)$$

として表わされることである.

このとき,$O_1, O_2, \cdots, O_n, \cdots$ を**開集合の基**という.

たとえば,k 次元ユークリッド空間は可算基をもっている.k が2,すなわち座標平面の場合にこのことを証明しておこう.有理数は可算集合だから,x 座標,y 座標がともに有理数であるような平面上の点——有理点——もまた可算集合である.各有理点を中心として,半径が正の有理数であるような円の内部を考える.これは平面の開集合であり,ここで中心をいろいろに変え,半径もいろいろに変えるとたくさんの開集合が得られるが,これらは全体としてやはり可算集合をつくっている.したがって

(4) $\qquad O_1, O_2, \cdots, O_n, \cdots$

と番号をつけて並べることができる．平面上の任意の開集合 O をとったとき，O がこれらの中から取り出した適当な系列の和集合として表わされることを示せばよい．O の任意の点 x をとる．O は開集合だから，適当に正数 ε をとると，x を中心として ε 以内の範囲の点はすべて O に属している．有理点は平面上で稠密だから，x から $\varepsilon/4$ 以内のところに必ず有理点がある．それを1つとって p とする．次に $\varepsilon/4$ より大きくて $\varepsilon/2$ より小さい有理数 r をとる：$\varepsilon/4 < r < \varepsilon/2$．$p$ を中心として半径 r の円の内部を Q とすると，Q は開集合であって，この開集合 Q は(4)の中に必ず登場しているはずである．また作り方から

(5) $\qquad x \in Q, \quad Q \subset O$

をみたしている（図63）．O の各点 x に対して，このような Q を1つずつ選んでおくと，見かけ上，非常にたくさんの異なった Q が出てくるようであるが，実際はこれらの Q は(4)の中から選んでくるだけだから，少くとも一度選ば

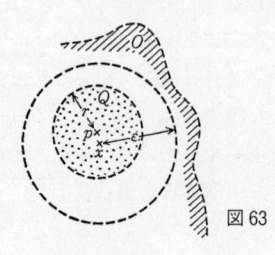

図63

れた Q だけを (4) の中からピック・アップすると, 異なった Q は

$$O_{i_1}, O_{i_2}, \cdots, O_{i_n}, \cdots$$

だけである. これら全体の和集合 $\bigcup O_{i_n}$ を考えてみると, (5) の最初の式から, この集合は O のすべての点 x を含んでいることがわかり (したがって $O \subset \bigcup O_{i_n}$), 一方, (5) の2番目の関係から $O_{i_n} \subset O$, したがって $\bigcup O_{i_n} \subset O$ のことがわかる. この2つから $O = \bigcup O_{i_n}$ がいえて, 平面が可算基をもつことが示された.

これだけの準備のもとで, 望んでいた定理は次のように述べることができる.

定理2 X を可算基をもつ正規空間とする. そのとき, X から単位区間 $[0, 1]$ への連続写像の系列 $f_1, f_2, \cdots, f_n, \cdots$ が存在して, 対応

$$\Phi : x \longrightarrow (f_1(x), f_2(x), \cdots, f_n(x), \cdots)$$

は, X から数列空間 $\boldsymbol{R}^\infty$ の中への1対1の連続写像を与える.

$\Phi(X) = Y$ とおき, Y に $\boldsymbol{R}^\infty$ から導かれた位相を与えておけば, Φ は X から Y への同相写像を与えている.

この証明の要点は, 可算個の開集合の基 $O_1, O_2, \cdots, O_n, \cdots$ をとり, 次にこの中で関係 $\overline{O}_n \subset O_m$ ($\overline{O}_n$ は O_n の閉包) をみたすもの全部を取り出す. この各々の対 (O_n, O_m) をみると, $\overline{O}_n \cap O_m{}^c = \emptyset$ ($O_m{}^c$ は O_m の補集合) であって, し

たがって，O_n 上で 1, $O_m{}^c$ 上で（同じことであるが O_m の外で）0 となる，[0, 1] の値をとる X 上の連続関数が存在する．(O_n, O_m) の対全体は可算個しかないから，このような連続関数を $f_1, f_2, \cdots, f_n, \cdots$ と並べることができる．一方，$O_1, O_2, \cdots, O_n, \cdots$ は開集合の基だから，X の近さに関する十分細かい情報はすでにこの中に含まれているはずである．したがって，この情報を $f_1, f_2, \cdots, f_n, \cdots$ から読みとったデータ

$$(f_1(x), f_2(x), \cdots, f_n(x), \cdots)$$

は，X の位相の模様を完全に伝えてくれるだろう．実際の証明は，数学的に細かい所を補足して，この説明を完全なものにすればよいだけである．

特に，$\boldsymbol{R}^\infty$ は距離空間だから，その部分空間 Y も距離空間であって，したがって X は距離空間と同相となる．すなわち，X は距離づけ可能な空間である．

定理の条件をみたす位相空間 X は，その本性はあくまで抽象的な場であるとしても，定理の中で与えてある写像 $\varPhi$ を通すことによって，実数の支配する具象的な空間 $\boldsymbol{R}^\infty$ の中で実現されることとなった．直線，平面，空間から距離空間を経て抽象した位相空間という舞台は，再びめぐって，$\boldsymbol{R}^\infty$ の中に具体的な像をもつこととなった．

読者は，位相空間の理論が形成している世界をほぼ見通したように感ぜられるだろう．しかし私たちの話はここから出発する．$\boldsymbol{R}^\infty$ の中では，私たちの幾何学的直観はなお

はたらかない．私たちの求めているのは，有限次元のユークリッド空間の中に，拡張された意味での曲面として具象化されて実現されるような，抽象的な場である．

4. 位相多様体

まず，ここでは定義からはじめよう．k は与えられた自然数とする．

定義 ハウスドルフ空間 X の各点 x が，$\boldsymbol{R}^k$ のある開集合と同相な近傍をもつとき，X を **$\boldsymbol{k}$ 次元の位相多様体**という．

読者は，やっと登場した多様体の定義がこんなにかんたんな対象かという，やや意外の感想をもたれるだろう．それは当然のことに思えるので，それに対して気のついた2つのことを述べておこう．

1つは，ふつう，多様体というとき，私たちが問題とするのは第4章で述べる滑らかな多様体のことであって，位相多様体は，位相空間論から多様体論へと移っていく過程に現われた，なお中間的な概念であるということである．もう1つは，位相空間の立場に立って単なる近さの抽象的な構造を調べるだけならば，各点の近くの近さの模様は，$\boldsymbol{R}^k$ の開集合としてよくわかっているのだから，単純な構造をもつといってよいのだが，各点の近くに与えられた $\boldsymbol{R}^k$ の構造を通して，位相多様体を，曲面を扱うような観

点から詳しく調べていこうとすれば，今度は，抽象的な位相多様体ではなくて，1つ1つがはっきりとした個性をもった対象として，位相多様体の概念がそこには現われてくることになるだろう．それら個々の対象こそ幾何学の研究対象であると考えれば，すでに数学は，その段階で抽象数学から幾何学へ移行したのであり，そのときには位相多様体は単にその背景にある場を指し示す言葉となってくる．

いずれにせよ位相多様体の1点の近くの模様は，R^kの中にある近さの模様が反映してくるはずだから，R^kの位相について少し述べておく必要がある．第1章第2節で示したように，平面上の有界な相異なる無限点列は必ず集積点をもつが，同じ考えはもちろんR^kにも適用されて，R^kの中の有界な相異なる無限点列は必ず集積点をもつことがいえる．いま，R^kの中に，有界な（すなわち，原点からある一定の距離以内にある）閉集合Fが与えられたとしよう．Fの中に含まれる相異なる無限点列をとると，この点列は有界だから，必ず少くとも1つの集積点をもつが，Fは閉集合だから，この集積点（適当な部分点列の収束する点！）は再びFに属していなくてはならない．有界な閉集合のもつこの性質に注目して，この性質だけを取り出して一般の形で書いておこう：Sを位相空間，あるいは，特定の位相空間の部分空間としよう．

(C₁) Sの，相異なる無限点列は，必ずSの中に集積点をもつ．

(C_1) は，一般の位相空間でいうコンパクト性より少し弱いのであるが，R^k の部分空間や，これから取り扱う位相多様体の場合にはこれで十分だから，本書では，(C_1) をみたす位相空間 S を**コンパクト**ということにしよう．

実は，R^k の部分空間でコンパクトなものは，有界な閉集合に限るから，R^k の部分空間に限っていれば，特にコンパクトという言葉を導入しなくとも，有界な閉集合という概念で十分だったのである．

さて，位相多様体 X の話に戻ろう．X の各点 p には，ある近傍 $V(p)$ があって，$V(p)$ は R^k のある開集合と同相である．この同相を与える同相写像を φ_p とする．位相多様体の定義には，$V(p)$ や φ_p のとり方は指定していないから，これらのとり方にはいろいろ任意性があるわけである．φ_p のとり方の任意性は図 64 からも察せられるだろう．たとえば，$V(p)$ に含まれている任意の点 q に対しては，位相多様体の定義に要請されている q の近傍として，$V(p)$ をそのまま使ってもよいわけである．

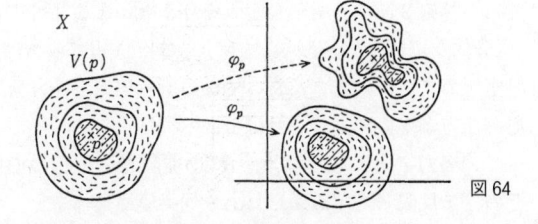

図 64

一般に, p の開近傍 V で, $\boldsymbol{R}^k$ の開集合と同相なものを p の**局所座標近傍**といい, この同相を与える写像 φ を V 上での**局所座標写像**という. そしてこの2つの対 $\{V, \varphi\}$ を, p のまわりの**局所座標**という. p を特に強調する必要もないときには, $\{V, \varphi\}$ を単に局所座標という.

局所座標をいくつかとって (それは添数 $\alpha \in A$ によって区別されているとして), それを $\{V_\alpha, \varphi_\alpha\}_{\alpha \in A}$ とする. もし

$$X = \bigcup_{\alpha \in A} V_\alpha$$

が成り立っているならば, $\{V_\alpha, \varphi_\alpha\}_{\alpha \in A}$ を, X の1つの**局所座標系**という. 局所座標系が1つ与えられれば, X の任意の点 p は, 必ず少くとも1つの V_α に属しているから, p を φ_α によって, $\boldsymbol{R}^k$ の点に移すことができる. この $\boldsymbol{R}^k$ の点の座標を $(x_\alpha{}^1, x_\alpha{}^2, \cdots, x_\alpha{}^k)$ と書くと (座標を示す指標は, 便宜上 x_α の上につけてある)

(6) $\qquad \varphi_\alpha(p) = (x_\alpha{}^1, x_\alpha{}^2, \cdots, x_\alpha{}^k)$

となっている. したがって p, およびその近くの点に, φ_α を通して座標が導入される.

第1章第3節で, 明確な定義を与えないまま述べてきた '区分的な座標' といういい方は, いまとなってみれば, 局所座標, または, 場合によっては局所座標系という言葉で述べた方が妥当であったわけである.

X の各点の近くの模様は, $\boldsymbol{R}^k$ の開集合の位相の模様をそのまま反映しているから, ある局所座標近傍をとったと

図 65

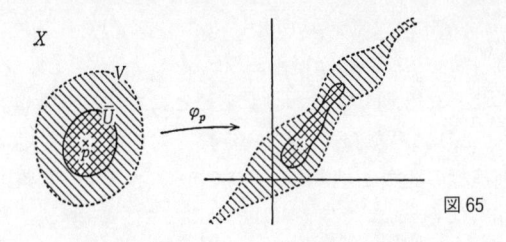

き，それがコンパクトではないとしても，その中に必ず閉包がコンパクトであるような局所座標近傍が存在している：すなわち，その閉包が有界な閉集合に移るような局所座標近傍が必ず存在している（図 65）．その意味で，位相多様体は，局所的には（各点の十分近くを見る限りでは）コンパクト空間の様相を呈している．このことをかんたんに，位相多様体は**局所コンパクト空間**であるという．

X の局所座標系 $\{V_\alpha, \varphi_\alpha\}_{\alpha \in A}$ を 1 つとっておくと，X の各点 p，およびその近くの点は，p を含む 1 つの局所座標近傍 V_α を 1 つとっておくことにより，(6)のように，局所座標を使って座標で表わすことができる．したがってこの座標を使えば，p の近くの模様は，$\boldsymbol{R}^k$ の中の点のように思って記述できるわけである．しかし，p の近くは，一般には 1 つの V_α だけに含まれているとは限らない．別の V_β に含まれていることもある．そのとき p の近くの点は，V_α 上の局所座標 φ_α と，V_β 上の局所座標 φ_β とによって 2 つの座標表示をもつことになるだろう．たとえば点 p は

$$\varphi_\alpha(p) = (x_\alpha^1, x_\alpha^2, \cdots, x_\alpha^k)$$
$$\varphi_\beta(p) = (x_\beta^1, x_\beta^2, \cdots, x_\beta^k)$$

のように2通りに表わされることになる．座標 $(x_\alpha^1, x_\alpha^2, \cdots, x_\alpha^k)$ に座標 $(x_\beta^1, x_\beta^2, \cdots, x_\beta^k)$ を対応させる対応は，**局所座標の変換**とよばれるものであって，その変換規則は同相写像 $\varphi_\beta \circ \varphi_\alpha^{-1}$ で与えられている．ここで $\varphi_\beta \circ \varphi_\alpha^{-1}$ は，図66からも明らかなように，$\boldsymbol{R}^k$ の開集合 $\varphi_\alpha(V_\alpha \cap V_\beta)$ から，$\boldsymbol{R}^k$ の開集合 $\varphi_\beta(V_\alpha \cap V_\beta)$ の上への同相写像である．$\varphi_\beta \circ \varphi_\alpha^{-1}$ を局所座標の変換則を与える写像，またはかんたんに局所座標の変換則という．局所座標の変換則は，$\boldsymbol{R}^k$ の開集合から $\boldsymbol{R}^k$ の開集合への写像であって（位相空間 X は直接には現われていないことに注意！），したがって各成分 x_β^i が $(x_\alpha^1, x_\alpha^2, \cdots, x_\alpha^k)$ の連続関数であることは，座標を用いて

$$x_\beta^i = \Phi_{\beta\alpha}^i(x_\alpha^1, x_\alpha^2, \cdots, x_\alpha^k) \quad (i=1, 2, \cdots, k)$$

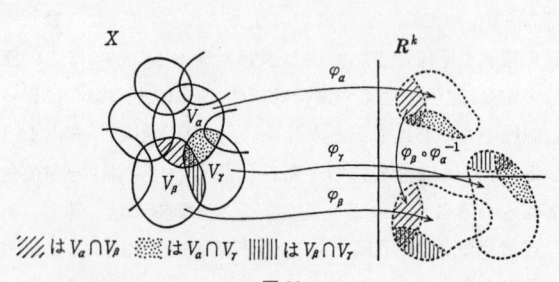

図66

と表わされる．$\Phi_{\beta\alpha}{}^i$ は，$\boldsymbol{R}^k$ の開集合 $\varphi_\alpha(V_\alpha \cap V_\beta)$ 上で定義された，ふつうの意味での実数値連続関数である．

図66を見てもわかるように，ここでも第1章第3節で用いたモニター室のたとえは使えるわけである．$\boldsymbol{R}^k$ はモニター室である．彼方にある抽象的な世界 X の全像は一度にキャッチできないにしても，局所的な地域 V_α からの映像は φ_α を通して正確にキャッチされている．各々のテレビ画面 $\varphi_\alpha(V_\alpha)$, $\varphi_\beta(V_\beta)$, … に映る映像は，全く独立な画像のようであるが，モニターの手には局所座標の変換則が与えられているから，必要ならば各画像を適当につないでいくことにより，抽象的な世界 X の全像をそこから幾分かは（場合によってはかなりよく）察知することができるだろう．

しかし前にも注意したように，位相多様体上での局所座標系のとり方には，非常に多くの任意性がある．1点 p のまわりを映す2つのテレビ画面の映像が，同相写像で移りあってさえいるならば，この映像のどちらがよい映像であるかなどということに意味はないのである．すなわち，私たちの眼からみて，$\boldsymbol{R}^k$ にある1つの画面に送られてきた映像を映してみたら形がよかったが，同じものを別の画面で見たところ，歪んだおかしな形をしていたからといっても，それらが同相である限り，このどちらがよい映像かなどということを問題とすることに，もともと意味はないのである．なぜなら，映像を送ってくる世界は抽象的な世界

であって，局所座標写像を通して送ってくるのは，その世界に附与されている近さという性質だけであって，形ではないからである．像を送ってくる X の世界には，形という概念はない！ したがって，'像を送る' という言葉も，実は言葉の綾にすぎないのである．正確には，'近さの性質を送る' というべきだろう．送られてきたものは，R^k に含まれている図形の中の近さとして実現されてくる．私たちは，そこで具象化された形を通して，近さの性質を考えることができるようになってくるのである．

くり返していえば，私たちが，さまざまな映像の中から共通なものとして読み取れるものは，X の近さの性質だけである．逆にいえば，このようなさまざまな映像によってつねに不変に映し出されている'性質'を探し求めていくと，そこにしだいに抽象的な世界 X が浮かび上ってくることになるだろう．

このように考えると，座標という概念は具象化という考えに根ざしており，抽象数学の目指した抽象化という方向とちょうど逆向きの方向を指し示していることがわかる．いま改めて数学史を見直せば，ウリゾーンの定理は，抽象的な場に実数と関係をつけたデータを与えようとした意味では，20世紀初頭の数学の中にあった抽象化とは逆向きの方向を与えようとした最初の胎動であったといえるのかもしれない．

この局所座標系という観点は，数学が単なる抽象の世界

から離脱していく方向を，読者にすでに暗示しているのかもしれないが，この観点は，滑らかな多様体へ移ることによって，さらに深まってくる．だが，私たちはそこへ歩みを進める前に，位相空間論の枠の中で，なお位相多様体についてもう少し触れておかなければならないことが残っている．そのことについて述べておこう．

私たちが取り扱う位相多様体は，これからつねに<u>可算基をもつ</u>と仮定しておくことにしよう．この仮定をおくことは，多様体を現代数学の場であるというような広い眼で見たときにも，むしろ自然なことだと考えられている．可算基の条件は，何を意味しているか判然としないかもしれない．位相多様体の場合には，これは次の条件と同値である．

　　　位相多様体は，高々可算個の（すなわち，有限かまたは可算無限個の）局所座標近傍で蔽われる．

このとき，位相多様体は，必ず正規空間となっている．

位相多様体には，コンパクトなものと，そうでないものとがある．**コンパクトな位相多様体** X は，無限個の相異なる点列が必ず集積点をもつという性質で特性づけられるが，この性質はまた，

(C$_2$) 　X を蔽う開集合の集まり $\{O_\alpha\}_{\alpha \in A}$ が与えられたとき，その中から有限個の開集合を見出して，それらによってすでに X を蔽うことができる，

という性質と同値であることが知られている．すなわち

$X = \bigcup_{\alpha \in A} O_\alpha$ ならば，$\{O_\alpha\}_{\alpha \in A}$ の中から適当に有限個の O_{α_1}, O_{α_2}, …, O_{α_n} を選んで，$X = O_{\alpha_1} \cup O_{\alpha_2} \cup \dots \cup O_{\alpha_n}$ が成り立つ．コンパクト位相多様体では，この性質 (C_2) はよく用いられる．特に，コンパクト位相多様体は，有限個の局所座標近傍で蔽われている．（前のたとえでは，モニター室に用意しておくテレビの画面は，有限個で十分である．）

いま，位相多様体の2つの開集合 U, V に対して，$U \Subset V$ という記号を導入しよう．この記号の意味は，U の閉包 $\overline{U}$ が，コンパクト集合として V に含まれているということである．このとき，たとえば，U の中の無限点列の集積する点は必ず $\overline{U}$ の中にあって，それは V の外へはみ出すことはない．$\overline{U}$ も V の補集合 V^c も閉集合で，$\overline{U} \cap V^c = \emptyset$ だから，$\overline{U}$ と V^c にウリゾーンの定理を使うことができて，$\overline{U}$ 上で 1，V の外で 0 の値をとる実数値連続関数が，X 上に存在することがわかる．

いま，X をコンパクト位相多様体とする．そのとき，適当に有限個の局所座標 $\{V_1, \varphi_1\}$, $\{V_2, \varphi_2\}$, …, $\{V_n, \varphi_n\}$ をとると，$X = \bigcup_{i=1}^{n} V_i$ が成り立つようにできる．このときまた次のことが成り立つことが知られている．各々の V_i を少し縮めて，開集合 U_i を $U_i \Subset V_i$ をみたすようにとっても，やはり $X = \bigcup_{i=1}^{n} U_i$ となっているようにできる．したがって $\{U_i, \varphi_i\}$ $(i = 1, 2, \dots, n)$ はまた X の1つの局所座標系を与えている．この事実の証明には，X が正規空間となっており，したがって前節の条件 (U) が成り立っていることを用

いる．そこで U_i 上で 1，V_i の外では 0 となる実数値連続関数を 1 つとっておいて，それを f_i とおこう．

さて，局所座標写像 φ_i は V_i 上でしか定義されていなかったが，

$$\tilde{\varphi}_i(p) = \begin{cases} f_i(p)\varphi_i(p), & p \in V_i \\ 0, & p \notin V_i \end{cases}$$

と定義すると，$\tilde{\varphi}_i$ は X から $\boldsymbol{R}^k$ への連続写像となる（図 67）．ここで $f_i(p)\varphi_i(p)$ は，$\boldsymbol{R}^k$ の'ベクトル'$\varphi_i(p)$ に実数 $f_i(p)$ をかけていることを意味しており，p が V_i の中から境界に近づくと $f_i(p) \to 0$ となるから，$f_i(p)\varphi_i(p)$ もまた 0 に近づく．したがって V_i の外では値が 0 だとしてしまえば，X 全体で $\tilde{\varphi}_i$ は定義されて，連続となるのである．U_i の上では $f_i(p)=1$ だから，$\tilde{\varphi}_i(p)=\varphi_i(p)$ となっており，したがって U_i 上では $\tilde{\varphi}_i$ は局所座標写像となっている．

$\tilde{\varphi}_i$ は，$\boldsymbol{R}^k$ に値をとっており，したがって座標成分にわけて考えれば，一度に X に関する k 個の実数値を送って

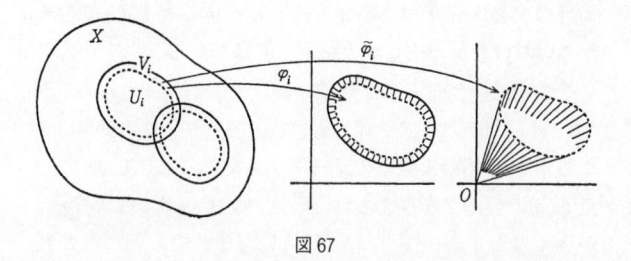

図 67

くる情報量だと考えられる．したがってまた，X の点 p に対して
$$(\tilde{\varphi}_1(p),\ \tilde{\varphi}_2(p),\ \cdots,\ \tilde{\varphi}_n(p))$$
を対応させる対応は，kn 個の実数値によるデータを与えており，このデータは，U_i に限れば，$\tilde{\varphi}_i$（局所座標写像！）の与えるデータによって，完全な情報を与えているものとなっている．

私たちは，$U_i\,(i=1,\ 2,\ \cdots,\ n)$ をさらにもう少し縮めて，開集合 W_i を，$W_i \subset U_i$，かつ $\bigcup_{i=1}^{n} W_i = X$ が成り立つようにとっておこう．また W_i 上で 1，U_i の外で 0 となる，0 と 1 の間に値をとる連続関数 g_i もとっておこう．そのとき新たに得られた n 個の実数値のデータ
$$(g_1(p),\ g_2(p),\ \cdots,\ g_n(p))$$
は，何を物語るだろうか．位相多様体 X の任意の点 p は，必ず少なくとも $W_1,\ W_2,\ \cdots,\ W_n$ のどれか 1 つには属している．たとえば W_i に属しているとすれば，p に関する上のデータでは，i 番目が 1 ということになっている．逆に i 番目のデータが 1 であるような点は，少なくとも U_i に含まれていなければならないということはわかる．

そこで前のデータと併せて
$$(\tilde{\varphi}_1(p),\ \cdots,\ \tilde{\varphi}_n(p),\ g_1(p),\ \cdots,\ g_n(p))$$
なる $kn+n$ 個の実数値のデータを考えることにしよう．2 点 $p,\ q$ のデータが与えられたとき，まず $g_i(p)=1$ となる i が少なくとも 1 つ決まり，p が W_i に含まれていることが判

明する．次にこの i に対し，$g_i(q)=1$ か，$g_i(q)<1$ かにしたがって，$q\in U_i$ か，$p\neq q$ かどちらかであることが判明する．前者の場合には，今度は $\tilde{\varphi}_i$ の提供するデータから，p と q の異同だけではなくて，p と q の近くの模様まで完全にわかってしまう．

したがって，写像

$$\Phi: p \longrightarrow (\tilde{\varphi}_1(p), \cdots, \tilde{\varphi}_n(p), g_1(p), \cdots, g_n(p))$$

は X から $\boldsymbol{R}^{kn+n}$ への1対1の連続写像となっている．(連続のことは右辺のデータがすべて連続だからである．) X がコンパクトだから，実は Φ が同相写像であることが結論される．$l=kn+n$ とおくと，これで X がコンパクトの場合に，次の定理が証明されたことになる．

定理3 X をコンパクトな位相多様体とする．そのとき適当な自然数 l をとると，X 上の l 個の実数値連続関数 $f_1, \cdots, f_l$ を見出して，対応

$$\Phi: p \longrightarrow (f_1(p), f_2(p), \cdots, f_l(p))$$

が，X から $\boldsymbol{R}^l$ の中への1対1の連続写像を与えるようにできる．$\Phi(X)=Y$ とおき，Y に $\boldsymbol{R}^l$ から導かれた位相を与えておけば，Φ は X から Y への同相写像を与えている．

位相多様体 X がコンパクトでないときのこの定理の証明には，X が'位相空間として k 次元'であることを本質的に用いなければならないが，証明に対する考え方は，コンパクトの場合とそれほど大きな違いはない．

このようにして，位相多様体は，有限次元のユークリッド空間の中に実現される位相空間であることがわかった．位相多様体は，単に各点の近くの模様だけが，有限次元のユークリッド空間の近さの模様を写しているだけではなく，その大域的な様相もまた，有限次元のユークリッド空間の中で捉えられるのである．

もちろん，実現の仕方はいろいろあって，同相写像で移りあうものは，すべて同等な実現の仕方と見なさなければならない．その意味では，位相多様体 X をユークリッド空間の中に実現することによって，X に1つの'形'を与えることはできるが，その形はあくまで'かりの形'であるというべきであって，本来の X のもつ位相空間としての抽象性は，形を拒否するように，その背後に厳として存在しているのである．

最後に，1次元の位相多様体と，コンパクトな2次元の位相多様体はどんなものかを示しておこう[*]．

1次元の位相多様体で，コンパクトなものは円周に同相であり，コンパクトでないものは直線に同相である．したがってこの場合は簡明である．

2次元のコンパクトな位相多様体には，向きづけ可能なものと，向きづけ不可能なものとの，2つの大きな組み分けがある．向きづけ可能なものは，球面か，球面にいくつ

---

[*] ここでは多様体は連結である（離れ離れになっていない）と仮定している．

図 68

図 69

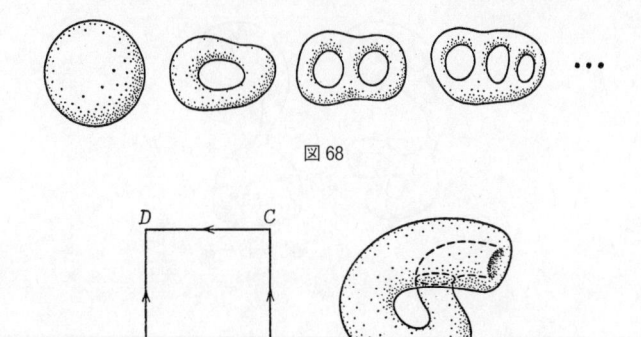

かの穴を開けたものと同相である（図68）．

向きづけ不可能な場合を述べるには，まずその中で典型的な，クラインの壺を述べなくてはならない．クラインの壺は，正方形 $ABCD$ で，図69で示したような向きで対辺を同一視して得られる曲面であって，この曲面は3次元の中では決して実現されない．実現しようとすると，図69が示すように必ず交わってしまう．この曲面は，表を通っているつもりでもいつか裏側へまわってしまう'妙な'曲面である．（この'妙な'という感じをもう少し数学的に定式化して述べると，向きづけ不可能という言葉になってくる．）さて，向きづけ不可能な，コンパクトな2次元位相多様体は，クラインの壺と，球面にいくつかの穴を開けた曲面とを，図70（Ⅰ）で示すようにつないでしまった曲面と同

貼り合わせる
(I)　　　(II)　　図70

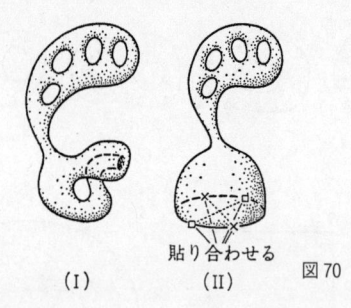

相になるか，あるいは，(II)で示すような曲面と同相になる．この図(II)で，曲面の下方に描いてあるのは半球面であって，赤道面上で中心に関して点対称な点を同一視したものである．これは2次元射影空間とよばれるものであるが，これについては第4章第3節で述べる．

2次元のコンパクトな位相多様体についてのこの簡明な分類は，曲面の分類理論として，すでに19世紀に得られていたものである．3次元以上の位相多様体をこのように分類する理論は知られていない．

位相多様体は，確かに，抽象的な近さの場を，有限次元のユークリッド空間の中ではっきりと捉えた，明確な数学の場であるが，このようにして得られた位相多様体は，今度は位相空間の側からではなく，ユークリッド空間の側からも眺められるようになった．視点をユークリッド空間の側に移して見れば，位相多様体は，ユークリッド空間の中

4. 位相多様体

にある，局所的にもユークリッド空間の構造をもつ集合であって，そこに含まれる近さの性質だけを取り出したものにすぎない．

しかし，ユークリッド空間の中には，単なる近さの世界よりは，もっと深い世界が存在している．それは解析学の世界である．解析学は微積分の思想によって支えられている．微積分の教科書を開いてみても，近さに関する議論（たとえば連続性に関する ε-δ 論法等）は，単に序章を形づくっているにすぎないが，一度微分の概念が導入されると，それは微分方程式，関数論，あるいは物理数学へと，果しないほどの拡がりをみせながら展開していくことになる．私たちは，積分の概念より微分の概念の方に注目したい．積分は，広い範囲にわたる関数の平均的な挙動を問題とするが，微分は，各点のまわりのごく近くの関数の挙動を問題とする．微分を考えるとき，私たちがその関数の定義されている場に向ける眼は，1点のごく近くである．その意味で，微分は位相の世界に直接つながっている．しかし，近さの概念だけで微分が捉えられないことは確かである．微分とは，1点のまわりの近さの概念に，さらに深さの概念を附与したようなものである．1点に近づく点列は，その近づく速さによってふるい分けられ，関数の1点のまわりの挙動は，このふるいによって調べられる．1点は，そのふるいの目の細かさに応じて，何か深さの概念を帯びてくるようにみえる．これは，微分の世界である．そ

れについては次章で詳しく述べる．

ここで述べたいことは，ユークリッド空間上に存在する微分という概念は，どのような場によって支えられているかということである．近さという定性的な性質は，位相空間という場によってはじめて数学の中に明示された．それでは同じように，微分性という性質も，数学の中の1つの場として取り出していくことはできないであろうか．もしそのような場が存在するならば，微分という概念のもつ意味は，その場の上では，幾何学的なものに姿をとって現われ，解析学は新しい視点を得て，再び動き出していくだろう．

この道を辿っていくことにより，抽象数学を支えた基本的な立脚点——集合——は，しだいにより高い立脚点——場——へと移行してくるのである．この'場'という言葉は数学で慣用ではない．それは，広い意味での多様体というべきであろう．このような多様体について述べることは第4章の主題であるが，その前に，読者には，復習の意味もこめて，もう一度微分の概念を思い出してもらうことが必要となる．それは次章のテーマである．

第3章 微分について

1. 微分の意味

ここでは，数直線上で定義されている関数
$$y = f(x)$$
について，この関数を微分することの意味を考えていきたい．この章を読むために，あらかじめ微分の知識を仮定しておく必要はないが，微分の演算規則等ごく基本的なことは知っている読者を，漠然と頭におきながら述べていくことにする．

しばらくの間，$y=f(x)$ という関数は道路を走っている1台の自動車の進行状況を表わしているとし，出発後時間 x だけ経ったとき，自動車は決まった場所から $f(x)$ だけ進んだとする．この自動車の，時間 x から $x+h$ までの間の（平均）速度は，その間に進んだ距離 $f(x+h)-f(x)$ を，進むために要した時間 h で割ったもので得られる：

$$\frac{f(x+h)-f(x)}{h}.$$

（逆向きに進むときは，速度は負になるとしてある.）しかし，運転中速度計を見ていればわかるように，速度が一定

で進んでいることは稀であって，速度はほとんどいつも変化している．速度計の針が間断なく大きく揺れ動くような，乱暴な運転をしている自動車を考えよう．この状況でも，ごく短い時間に限れば，速度計の針の動く範囲は小さくなって，私たちは，日常ごく自然に，速度計を見ながら'今は大体どれくらいのスピードで走っている'などという．時間の幅をどんどん狭めていけば，それに応じて速度計の針の動く範囲もますます小さくなって，しだいに1つの目盛の場所のあたりを指し示すようになってくる．この日常の経験から，私たちは，ある瞬間を考えれば，速度計の針はその瞬間には決まった場所にあり，したがってその瞬間には，自動車はその針の指し示している速度で走っていると推論する．このような推論はごくふつうのことで，とり立てていうこともないようであるが，よく考えてみると，このような推論は，実は第1章第1節の冒頭に述べた，しだいに狭まりながら近づいていくものには'果て'があるという観念の世界の中の保証によって支えられている．この保証は，数直線の上では与えられている．したがって私たちは，上の推論は，数学の中では正しく表現され，時間 x における速度は

$$\lim_{h \to 0} \frac{f(x+h)-f(x)}{h}$$

で与えられていると結論できる．この値を $f'(x)$ と表わし，f の x における**微係数**という．さし当っては，私たち

は，$f'(x)$ を，x において速度計の針が指し示している目盛の値だと考えている．各時間 x に '瞬間の速度' $f'(x)$ が対応しているから，x に $f'(x)$ を対応させる対応は，数直線上の1つの関数を与えていると考えられる．この関数 f' を f の**導関数**といい，f から f' を求めることを微分するという．f は距離計の目盛であり，f' は速度計の目盛である．

自動車が一定速度で走っているときには，要した時間と速度計の目盛とから距離計の目盛を算出できる．それは，よく知られた関係

$$\text{走行距離} = \text{速度} \times \text{所要時間}$$

があるからである．

しかし，一定速度でないときには，速度計の針の目盛 $f'(x)$ は時々刻々と変化しているから，上に相当する関係は，近似式

(1) $$f(x+h) - f(x) \fallingdotseq f'(x)h$$

としか表わせないだろう．この近似式は，自動車が一定速度に近い走り方をしているときには，よい近似を与えるだろうが，自動車が乱暴な運転をしているときには，たとえ h を小さくとってもよい近似を与えてはいないだろう．近似式(1)がもっと意味をもつためには，誤差を評価できなくてはならない．

近似式(1)の誤差を得るためには，(1)をもっと数学的に取り扱いやすい形に書き直しておいた方がよい．それは，

ロルの定理,または（本質的には同値な）平均値の定理とよばれる定理によって可能である．

ロルの定理は，'閉区間 $[a, b]$ で定義された微分できる関数 $f(x)$ が $f(a)=f(b)$ をみたしていると,必ず a と b の間に,ある c が存在して $f'(c)=0$ となる' ということを述べている．上のたとえのように f を自動車の運行を表わす関数とすれば, $f(a)=f(b)$ というこの定理の条件は,時間 a で出発した自動車が,時間 b でまた出発点に戻ってきたことを示している．したがってどこかに折り返し点が,少くとも1つあったはずである．折り返し点の存在に,再び実数の連続性が使われている．折り返し点は, $y=f(x)$ のグラフ上では,極大値または極小値を与える点になっている．したがってそこでは f' は0となる（図71(Ⅰ)）．これでロルの定理がいえた．図71(Ⅰ)を,勾配

$$\frac{f(b)-f(a)}{b-a}$$

だけ傾けると(Ⅱ)となり,ロルの定理で $f'(c)=0$ (c にお

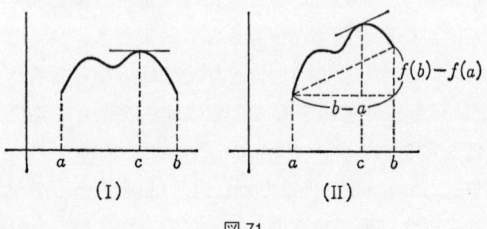

図71

ける接線がx軸と平行！）という結論は，$f'(c)$ は上の勾配に等しいということにおきかわる．すなわち

(2) $$\frac{f(b)-f(a)}{b-a} = f'(c), \quad a<c<b.$$

これは平均値の定理である．

平均値の定理(2)で，a を x に，b を $x+h$ におきかえて分母を払うと

(3) $$f(x+h)-f(x) = f'(c)h, \quad x<c<x+h$$

という式が得られる．この式(3)を(1)と見くらべると，読者は，近似式が等式に変った様子に驚かれるかもしれない．これは数学が微分の中で見せた，最も興味ある数学的転換の例である．式(3)の右辺に現われている c は，x と $x+h$ の間にあることはわかっているが，一般の f に対して c を具体的に求めるわけにはいかない．c は x と $x+h$ の間の'どこかに'存在はしているが，'どこに'存在しているかを指示するわけにはいかないのである．その意味で(3)は，右辺にひとつの不定要素を含んでいる不思議な等式である．近似式(1)の ≒ は，(3)では c の不定さに姿を変えた．はじめてこの式を見る人には，右辺にこのような c を含む式(3)を，ふつうの意味で等式といってよいのだろうかという疑問が横切るかもしれない．いずれにせよ，(3)のような式が登場してきたところに，微分のもつ特徴的な姿があるのである．

(3)の右辺の c は，x と $x+h$ の間の平均速度を実現する

ような時間である．x と $x+h$ の間の時間は，一般に，0から1まで動くパラメーター θ を使うと，$x+\theta h$ と表わされる．たとえば θ が $1/3$ のときには，$x+\theta h$ は x から $(1/3)h$ だけ進んだ時間を示している．この θ を使って c をかけば，(3)は

(4) $\quad f(x+h)-f(x) = f'(x+\theta h)h, \quad 0<\theta<1$

と書き直される．θ は0と1の間のある'適当な'数である．

近似式(1)を(4)にかき改めたことによって，近似式(1)の誤差を求める手がかりが得られたことになる．しかし，その話に入っていくためには，$y=f(x)$ は自動車の運行を表わすという譬えは，この辺りでもう捨てた方がすっきりする．したがってこれからは，$y=f(x)$ は数直線上で定義されたふつうの（何度も微分できるような）関数とする．

(4)の式の右辺にある $f'(x+\theta h)$ は，よく見ると，(4)の左辺の第1項にある $f(x+h)$ とよく似た形をしている．したがって，f を f' におきかえて(4)をもう一度使ってみると，$f'(x+\theta h)$ の性格がもう少しわかるかもしれないと思われる．実際，その考えにしたがえば

$$f'(x+\theta h)-f'(x) = f''(x+\tilde{\theta}\theta h)\theta h, \quad 0<\theta, \tilde{\theta}<1$$

となる．ここで f'' は f' の導関数であって，f の2階の導関数とよばれている．この式で $f'(x)$ を左辺から右辺に移項し，このようにして得られた $f'(x+\theta h)$ を(4)の右辺に代入すると，

1. 微分の意味

$$f(x+h)-f(x) = f'(x)h + f''(x+\tilde{\theta}\theta h)\theta h^2$$

が得られる.

実際は, 大筋においては同じ考えであるが, もう少し上手に平均値の定理を使うことにより, 似た式ではあるが

(5) $\quad f(x+h)-f(x) = f'(x)h + \dfrac{1}{2}f''(x+\theta_1 h)h^2$

が得られる. ここで θ_1 は 0 と 1 の間にある数である. この証明はどの微分の教科書にもかいてある. 私たちはこの式の方を用いていくことにしよう.

(5)によって, (1)の誤差が

$$\frac{1}{2}f''(x+\theta_1 h)h^2$$

で与えられることがわかった. (5)も(4)と同じように, 'よく所在のわからない' θ_1 を含んでいるが, 含んでいる項が, ここでは h の項から h^2 の項に移ったので, h が十分小さいときには, この不定さの影響は, (4)にくらべて(5)の方がずっと小さくなっている.

(5)は移項して

$$f(x+h) = f(x) + f'(x)h + \frac{1}{2}f''(x+\theta_1 h)h^2$$

と書き直しておこう. いまと同じような考えで, この式の右辺の最後に現れた θ_1 の影響を, さらに先の方へ送りこんでいくことができる. 実際, 再び平均値の定理を使うことにより, 私たちは

$$f(x+h) = f(x)+f'(x)h+\frac{1}{2!}f''(x)h^2$$

$$+\frac{1}{3!}f'''(x+\theta_3 h)h^3, \quad 0<\theta_3<1$$

という式が成り立つことを証明できる．ここで f''' は f'' の導関数であって，f の3階の導関数とよばれる．

f から出発して，順次導関数をとっていく操作

$$f \longrightarrow f' \longrightarrow f'' \longrightarrow f''' \longrightarrow \cdots \longrightarrow f^{(n)}$$

に対応して，$f(x+h)$ の上のような展開に現われる，不定部分の入っている項を，しだいしだいに先へ送っていくことができる．その結果得られるものは，テイラーの定理としてよく知られている次の式である：

(6) $\quad f(x+h) = f(x)+f'(x)h+\dfrac{1}{2!}f''(x)h^2+\cdots$

$$+\frac{1}{(n-1)!}f^{(n-1)}(x)h^{n-1}$$

$$+\frac{1}{n!}f^{(n)}(x+\theta_n h)h^n, \quad 0<\theta_n<1.$$

私たちは(6)の式を用いて，微分することの意味をもっと調べてみたい．そのためには，これから現われる関数 f の微分についてのいくつかの性質をそろそろはっきりさせた方がよい．次の定義は，これから基本的な役目をはたす1つの概念を与えている．

定義 関数 f が何回でも微分可能なとき，f を**滑らかな**

関数，または **C^∞ 級の関数**という．

これから考える関数 f は滑らかな関数とする．それから得られる1つの結論は，(6)式の右辺の最後の項で，θ_n がどのように0と1の間を動いても

$$h \to 0 \text{ のとき } f^{(n)}(x+\theta_n h) \longrightarrow f^{(n)}(x)$$

が成り立つということである．

これからの話をわかりやすくするために，x が原点のとき，すなわち $x=0$ のとき，(6)の式から得られることを探ってみよう．$x=0$ のときには，(6)の式は

(7) $\quad f(h) = f(0) + f'(0)h + \dfrac{1}{2!}f''(0)h^2 + \cdots$

$$+ \frac{1}{(n-1)!} f^{(n-1)}(0) h^{n-1}$$

$$+ \frac{1}{n!} f^{(n)}(\theta_n h) h^n, \quad 0 < \theta_n < 1$$

となる．f が滑らかな関数ならば，この式は $n=1, 2, \cdots$ に対してすべて成り立つ式である．

私たちにとって関心のあるのは，h がどんどん0に近づいていったとき，対応して $f(h)$ が，どのような速さで $f(0)$ へと近づいていくかということである．すなわち $h \to 0$ のとき，

$$f(h) - f(0) \longrightarrow 0$$

となるが，この速さの模様を調べたいのである．この速さを比較するサンプルとして，次の一連の関数の系列をとっ

ておく：
(8) $$h, h^2, h^3, \cdots, h^n, \cdots.$$
h が 0 に近づくとき，これらの関数は一斉に 0 に向かって動き出すが，n が大きくなればなるほど，急速に 0 に近くなってくる．たとえば h, h^2, h^3, h^4 をくらべてみても

h	0.1	0.01	0.001
h^2	0.01	0.0001	0.000001
h^3	0.001	0.000001	0.000000001
h^4	0.0001	0.00000001	0.000000000001

のような調子である．図 72 ではこのような感じは十分表わせないかもしれない．0 へ近づく速さを，（逆数をとった形で）遠くへ向かっていく速さでたとえてみるのは適当でないが，たとえば $1/h$ を人の歩く速さとすれば，$1/h^2$ は新幹線のような速さであり，$1/h^3$ は月へ向かうロケットの速さのようなものである．要するに，それぞれの速さは比較を越えている．

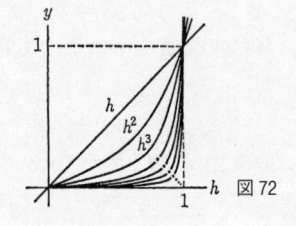

図 72

(7)の式を $n=1$ の場合に適用してみると，(4)が得られて

$$f(h)-f(0) = f'(\theta_1 h)h, \quad 0<\theta_1<1$$

となる．

この式を

$$\frac{f(h)-f(0)}{h} = f'(\theta_1 h), \quad 0<\theta_1<1$$

とかき直してみると，左辺はちょうど $f(h)-f(0)$ と h との比となっている．ここで $h\to 0$ とすると，したがって $f'(0)$ は，$f(h)-f(0)\longrightarrow 0$ と $h\to 0$ との速さの比を表わしている．

$f(h)$ が $f(0)$ へ近づく速さが，h が 0 へ近づく速さにくらべて比較にならぬくらい速ければ，そのとき $f'(0)=0$ となる．このとき，$f(h)$ が $f(0)$ へ近づく速さは，(8)の次のサンプル h^2 とくらべてみるべきであろう．$f'(0)=0$ だから，この場合，$n=2$ のときの(7)式は

$$\frac{f(h)-f(0)}{h^2} = \frac{1}{2!}f''(\theta_2 h), \quad 0<\theta_2<1$$

とかき直される．したがって，$h\to 0$ のときの，$f(h)-f(0)\longrightarrow 0$ と $h^2\to 0$ との速さの比は，$(1/2!)f''(0)$ で与えられる．

この比が 0 となるほど，$f(h)$ が $f(0)$ へ近づく速さが速ければ，$f''(0)=0$ となり，この場合はさらに(8)の次のサンプル h^3 の速さとくらべてみるべきであろう．(7)を

$n=3$ の場合に適用すると,この比は $(1/3!)f'''(0)$ で与えられることがわかる.

この議論は,以下同様に進めていくことができる.サンプルの系列(8)に対応して,

$$f'(0),\ \frac{1}{2!}f''(0),\ \frac{1}{3!}f'''(0),\ \cdots,\ \frac{1}{n!}f^{(n)}(0),\ \cdots$$

を考えておこう.そのとき,もし $f'(0)=f''(0)=\cdots=f^{(n-1)}(0)=0$ であって,$f^{(n)}(0)\neq 0$ とすれば,$h\to 0$ のとき $f(h)$ が $f(0)$ へ近づく速さは,$h,\ h^2,\ \cdots,\ h^{n-1}$ とはくらべものにならないくらい速いが,h^n の速さとは比較できて,その速さの比は $(1/n!)f^{(n)}(0)$ で与えられることになってくる.

したがってこのことから,高階の導関数の値は,単に近さではなく,いわばサンプル(8)で与えられるような,0へ近づくものの位数——無限小の位数——と速さを比較する尺度を,与えていることがわかる.原点に近づく変数は,(8)の系列で示されるような,まるで波が打ち寄せるような,原点に近づいていく多くの層に分けられ,関数の近づき方は,この層によって選り分けられてくる.数直線上の各点は,横への広がりだけではなくて,その点に近づく変数の速さによって,層構造をなす深さをもってきたようにみえる.そうはいっても,これはあくまで感じにすぎない.数学的なことは,上で述べたことで尽きている.だが,いつしか私たちは,前章で展開した位相の世界よりは

1. 微分の意味

るかに深い世界へと導かれている.

ここで, 当然次の問題に導かれる. 滑らかな関数 f を任意にもってきたとき, f が各点に近づく速さは, 必ず (8) の篩によって測られるのだろうか. 前のように原点の場合を考えることにすれば, この問題は, 適当に自然数 n をとれば, 必ず

(9) $f'(0) = f''(0) = \cdots = f^{(n-1)}(0) = 0, \quad f^{(n)}(0) \neq 0$

となっているのだろうか, と述べられる. しかし f が恒等的に 0 であるような場合には, (9) はもちろん成り立たないから, このような場合は除外しておかなくてはならない. したがって正確には, $h \neq 0$ のとき $f(h) \neq f(0)$ となっている滑らかな関数 f に対して, (9) は成り立つだろうか, と述べた方がよい. もしこのような関数で (9) が成り立たないものが存在したとすると, $h \to 0$ のとき, $f(h) - f(0)$ は, (8) の系列に現われるどの速さよりも速く 0 に近づいていくことになる. このような近づき方は想像を絶している. そしてこの速さは, もはや, 微分という概念の中では決して測りきれないものになっているに違いない.

このことから, 読者は, そのような滑らかな関数は存在しないだろうと想像されるかもしれない. しかし事実はそうではない. $h \neq 0$ のとき $f(h) \neq f(0)$ であって, しかもどんな自然数 n をとっても (9) が成り立たないような滑らかな関数 f は存在しているのである. このような関数の 1 つの例は, 次で与えられるものである:

図73

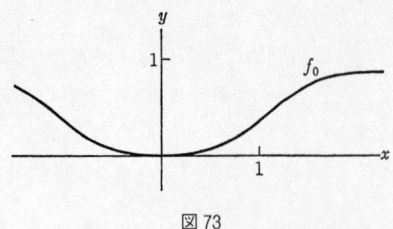

$$f_0(x) = \begin{cases} e^{-1/x^2}, & x \neq 0 \\ 0, & x = 0. \end{cases}$$

この関数のグラフの大体の形は，図73で与えておいた．

e^x の展開が，

$$e^x = 1 + \frac{1}{1!}x + \frac{1}{2!}x^2 + \cdots + \frac{1}{n!}x^n + \cdots$$

で与えられることを知っている読者に，h が 0 に近づくとき，この $f_0(x)$ という関数が実際(8)のどれよりも速く $f_0(0)=0$ に近づくことの証明を示しておこう．それには，任意に自然数 n をとって，それを固定して考えたとき

(10) $$\lim_{h \to 0} \frac{e^{-1/h^2}}{h^n} = 0$$

を示すとよい．上の展開式から

$$e^{1/h^2} = 1 + \frac{1}{1!}\frac{1}{h^2} + \frac{1}{2!}\frac{1}{h^4} + \cdots + \frac{1}{n!}\frac{1}{h^{2n}} + \cdots$$

が得られる．したがって

$$e^{1/h^2} > \frac{1}{n!}\frac{1}{h^{2n}},$$

逆数へ移って

$$e^{-1/h^2} < n!h^{2n}$$

が成りたつことがわかる．これから $h>0$ で考えて

$$\frac{e^{-1/h^2}}{h^n} < n!h^n$$

となることもわかるが，h が $1/n$ より小さくなると

$$n!h^n = (nh)\cdot(n-1)h\cdots 3h\cdot 2h\cdot h$$
$$< \frac{n}{n}\frac{n-1}{n}\cdots\frac{3}{n}\frac{2}{n}h$$
$$< h,$$

したがって，h が正の方から0に近づいたとき

$$0 < \frac{e^{-1/h^2}}{h^n} < h \longrightarrow 0$$

が示された．h が負の方から0に近づいたときも同様であって，したがって(10)が証明された．

関数 f_0 は，

$$f_0(0) = f_0'(0) = f_0''(0) = \cdots = f_0^{(n)}(0) = \cdots = 0$$

となっている．f_0 は，いわば，$x=0$ で x 軸に無限次の接触をしている．この接触の度合いを，これ以上微分を用いて記述するわけにはいかない．微分という，無限小の度合いをふるい分けていく操作は，f_0 の原点における模様を調べようとする段階に至って，まったく無力となってしまった．

図74で，y 軸の左側にグラフによって図示されている関数 f_1, f_2, f_3 は，原点の近くでは f_0 と x 軸との間に挟まれているから，これらもまた，h が負の方向から0に近づい

図74

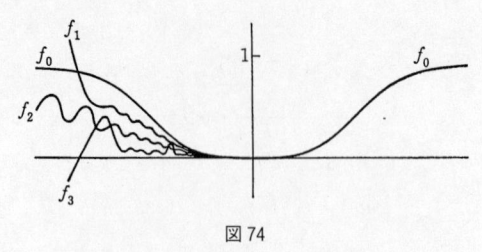

ていくとき，(8)の系列（正確には(8)の各項の絶対値をとった系列）のどれよりも速く0に近づいていく．もしある観測者が原点に立って，x軸の負の方向を眺めながら，自分の足もとに近づいてくる f_0, f_1, f_2, f_3 のグラフや x 軸の負軸の模様を，微分という概念を拠り所としながら記述しようと試みても，結局，この方法ではこれらは全く区別できないことを発見して，すべて同じ状況で自分の足もと（原点！）に近づいてきていると，報告せざるを得なくなってくるだろう．そして観測者は，今度は x 軸の正の方向も見やって，f_0 のグラフが滑らかに，右の方へ原点を越して延びていくならば，f_1 のグラフも，f_2 のグラフも，f_3 のグラフも，さらに x 軸の負軸も，同じように，原点を越えてから f_0 のグラフに滑らかにつながって延びていくと考えてもよいはずだと結論するだろう．

　x の正の方向から見ていけば，同じことは次のようにいえるだろう．f_0 のグラフは，正の方向から原点に近づいて原点に到着した後は，全く自然に，たくさんの関数に，滑

らかさという性質を失うことなく接続されてしまう. 滑らかな関数の範囲の中での, f_0 という1つの関数の自立性は, 原点で消えてしまう. すなわち, $f_0(x)$ は, x が右から原点に近づくとき, 微分による測定が無力となるほど速く0に近づくから, 目盛 $f^{(n)}(0)$ $(n=1, 2, \cdots)$ を合わす必要はなくなって, 左から同じように, 微分による目盛が消え去るような速いスピードで入ってくる関数と, まったく滑らかに接続されてしまうのである.

微分という概念に基づく測定が, 原点で無力と化してしまうという事情が効いて, 逆に原点を通るとき, 関数はその微分性(滑らかさ!)を保存したまま, いろいろな関数に滑らかに, 自由に接続されていくという現象は, ある意味では, 微分のもつ深い逆説的な性格を物語っているともいえる.

微分という概念は, はじめに考えた速度計の目盛の類推からでは推し量れないくらい, 本来深い概念なのである.

さて, ここまでくれば蛇足であろうが, このような状況がわかれば, 滑らかな関数の中で, 図75で示したような関

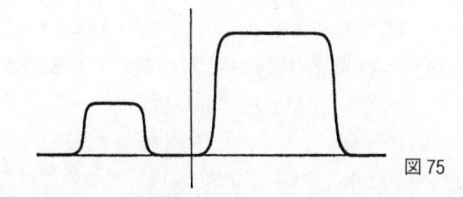

図75

数はいくらでも存在するという事情は了解されたと思う．

2. 変数の多い場合

ここでは，一般の k 次元ユークリッド空間 $\boldsymbol{R}^k$ 上での滑らかな関数の概念を導入しよう．$\boldsymbol{R}^k$ 上の関数は，点 $x=(x_1, x_2, \cdots, x_k)$ でとる値を $f(x_1, x_2, \cdots, x_k)$ と表わすことにより，k 個の変数をもつ関数として表示される．$k=2$ のときには，2 変数の関数として
$$y = f(x_1, x_2)$$
と表わされる．この場合は座標平面上で，点 (x_1, x_2) のとき高さが y になる曲面を描くことによりグラフ表示されるが，k が 3 以上になると，このようなグラフを描くことはできなくなってくる．

点 $x=(x_1, x_2, \cdots, x_k)$ で関数 $f(x_1, x_2, \cdots, x_k)$ を微分する概念を導入しようとするとき，たぶん最初に思いつくのは，ある 1 つの変数に注目し，残りの変数はとめて微分してみることだろう．すなわち，i 番目の変数に注目したときには
$$F_i(u) = f(x_1, x_2, \cdots, x_{i-1}, u, x_{i+1}, \cdots, x_k)$$
とおく．$x_1, \cdots, x_{i-1}, x_{i+1}, \cdots, x_k$ はいまはとめてあるから，$F_i(u)$ は i 番目の変数 u だけの関数である．そこで

(11) $$\lim_{h \to 0} \frac{F_i(x_i+h)-F_i(x_i)}{h}$$

が存在するとき，f は，点 x で，i 成分については微分でき

るということにするのである.

私たちは，この考えを，積極的に数学上の1つの概念として採用したい．そのために，言葉づかいを少し変えて，i 成分については微分できるということを，x_i について，点 x で**偏微分可能**であるということにする．偏微分可能といういい方は，x_1 から x_k までの全部の変数を動かしているわけではなく，変数を'部分的に'，いまの場合は x_i だけを動かして微分することを指示している．f が，点 x で，x_i について偏微分可能ならば，極限値 (11) が存在するが，この極限値を

$$\frac{\partial f}{\partial x_i}(x)$$

と書くことにする．f が，点 x で，$x_1, x_2, \cdots, x_k$ について偏微分可能のとき，単に f は点 x で**偏微分可能**であるという．

$k=2$ のときには，f が点 $x=(x_1, x_2)$ で偏微分可能のとき，

$$\frac{\partial f}{\partial x_1}(x), \quad \frac{\partial f}{\partial x_2}(x)$$

は何を表わしているかは，図を用いながら説明することができる．図 76 で，x_2 をとめて，1 番目の変数だけ動かして得られる点 (x, x_2) は，$x_1 x_2$ 平面上の直線 AB 上に並んでいる．したがって

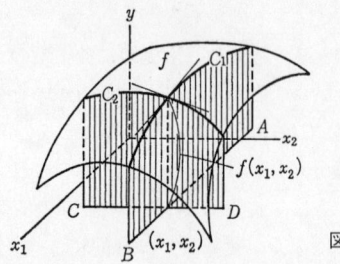

図76

$$\frac{f(x_1+h,\ x_2)-f(x_1,\ x_2)}{h}$$

の分子は、ちょうどABを通るように垂直に曲面fを切ったとき、この断面として得られるf上の曲線C_1の、2点$(x_1+h,\ x_2)$, $(x_1,\ x_2)$における、高さの差である。したがって、$h\to 0$としたときの上式の極限として得られる偏微分の値$(\partial f/\partial x_1)(x)$は、曲線$C_1$の、点$(x_1,\ x_2)$における接線の勾配を表わしている。同様に考えると、$(\partial f/\partial x_2)(x)$は、曲線$C_2$の、点$(x_1,\ x_2)$における接線の勾配を表わしている。

私たちはここで次の定義を与えておこう。'$\boldsymbol{R}^k$の各点$x=(x_1, x_2, \cdots, x_k)$で、$f$が偏微分可能のときに、$f$は**偏微分可能な関数**であるという。'

fが偏微分可能のとき、$\boldsymbol{R}^k$上のk個の関数

$$\frac{\partial f}{\partial x_1},\ \frac{\partial f}{\partial x_2},\ \cdots,\ \frac{\partial f}{\partial x_k}$$

が得られる．これらの関数を f の**偏導関数**という．

変数が多くなったので，変数が1つのときにくらべて記号が増えて，煩雑になったのは致し方ないとしても，いままで述べた形式的な微分概念の拡張は，いかにも無理がなく，自然にみえる．しかし，このようにして得られた偏微分可能な関数という概念は，実はあまり自然なものではないのである．

たとえば2変数の場合，次のような関数を考えてみよう：

$$f(x_1, x_2) = \begin{cases} \dfrac{x_1 x_2}{x_1{}^2 + x_2{}^2}, & (x_1, x_2) \neq (0, 0) \\ 0, & (x_1, x_2) = (0, 0). \end{cases}$$

この関数は偏微分可能である．原点以外のところで偏微分可能なことは，式の形からほとんど明らかであるが，原点では，$f(h, 0) = f(0, h) = f(0, 0)$ に注意すると

$$\frac{\partial f}{\partial x_1}(0, 0) = \lim_{h \to 0} \frac{f(h, 0) - f(0, 0)}{h} = 0,$$

同様に

$$\frac{\partial f}{\partial x_2}(0, 0) = 0$$

が得られて，やはり偏微分可能となっていることがわかる．ところが，f は原点で連続でないのである．なぜなら，もし f が連続ならば，$x_1 x_2$ 平面の原点を通る直線 $x_1 = x_2$（x_1 軸からみて傾き $45°$ の直線！）に沿って点 $x = (x_1, x_2)$

が原点に近づくとき，$f(x_1, x_2)$ は $f(0, 0)$ の値，すなわち 0 に近づいていかなければならない；しかしこの直線上では，つねに

$$f(x_1, x_1) = \frac{x_1{}^2}{x_1{}^2 + x_1{}^2} = \frac{1}{2}$$

が成り立っていて，f は 0 に近づきようがないからである．

1 変数の場合のアナロジーを強くもっていると，接線が引けるのに，連続でない，すなわちグラフがつながっていないのは，どこかおかしいということになる．しかし，多変数の場合は，このアナロジーはそのままでは通用しない．偏微分可能性は，座標軸の方向から近づいたときにだけ，接線が引けることを保証している．アイガーの北壁の例を持ち出さなくとも，ある山に登ることを考えてみれば，東西方向と南北方向の尾根道はつねに滑らかな道となっていても，たとえば東北方向からこの山に入ると断崖にぶつかってしまうというようなことが起り得ることは，当然想像されるだろう．上の f のグラフの表わす曲面は，いわばそのような山の形をしている．

偏微分可能性の定義を与えるとき，考察が幾分不十分であった点は，$f(x_1, x_2, \cdots, x_k)$ のなかに現われる $(x_1, x_2, \cdots, x_k)$ を k 個の変数と見る立場をとりすぎたところにある．$\boldsymbol{R}^k$ の幾何学的な性質を考えてみれば，座標軸の方向だけに特別の意味があるわけではない．f が微分できるというためには，どの方向から近づいても微分でき，また微

分して得られた結果が，近づく方向を変えるとき，きれいにつながっているというような状況が必要だろう．たとえば，$\boldsymbol{R}^2$ 上で定義された関数 $f(x_1, x_2)$ でいえば，この関数のグラフを表わす曲面に，単に接線が引けるという条件ではなくて，接平面が張れるという条件を微分の定義に採用すべきだったのだろう[1]．

しかし，次の定義のなかにあるごく自然な条件をつけ加えておくと，偏微分の定義のなかにあった上のような弱点は補われて，そんなに不自然な関数がでてくることはなくなってくる．実際，この条件をみたす関数は連続で，各点で接平面を張ることができる．またこの接平面は，接点が連続的に変るにつれ，連続的に変化する．

定義 $\boldsymbol{R}^k$ 上で定義された関数 $f(x_1, x_2, \cdots, x_k)$ が偏微分可能であって，その偏導関数

$$\tag{12} \frac{\partial f}{\partial x_1}, \frac{\partial f}{\partial x_2}, \cdots, \frac{\partial f}{\partial x_k}$$

がすべて連続な関数のとき，f を **C^1 級の関数**であるという．

1変数の場合，f' からさらに微分することにより f'' を導いたように，C^1 級の関数 f が与えられたとき，(12) のそれぞれの関数が偏微分可能ならば，それらをもう一度偏微

---

[1] この条件は，ふつうは，全微分可能の条件として述べられている．

分することにより，2階の偏導関数が得られる．偏微分することを矢印で示しておくと

$$\frac{\partial f}{\partial x_1} \longrightarrow \frac{\partial}{\partial x_1}\left(\frac{\partial f}{\partial x_1}\right), \frac{\partial}{\partial x_2}\left(\frac{\partial f}{\partial x_1}\right), \cdots, \frac{\partial}{\partial x_k}\left(\frac{\partial f}{\partial x_1}\right),$$

$$\frac{\partial f}{\partial x_2} \longrightarrow \frac{\partial}{\partial x_1}\left(\frac{\partial f}{\partial x_2}\right), \frac{\partial}{\partial x_2}\left(\frac{\partial f}{\partial x_2}\right), \cdots, \frac{\partial}{\partial x_k}\left(\frac{\partial f}{\partial x_2}\right),$$

$$\vdots \qquad \cdots\cdots\cdots$$

$$\frac{\partial f}{\partial x_k} \longrightarrow \frac{\partial}{\partial x_1}\left(\frac{\partial f}{\partial x_k}\right), \frac{\partial}{\partial x_2}\left(\frac{\partial f}{\partial x_k}\right), \cdots, \frac{\partial}{\partial x_k}\left(\frac{\partial f}{\partial x_k}\right)$$

となり，k^2 個もの2階の偏導関数が得られることになる．ここで $(\partial/\partial x_i)(\partial f/\partial x_j)$ を

$$\frac{\partial^2 f}{\partial x_i \partial x_j}$$

とかくことにしよう．

　f の2階の偏導関数が存在するだけではなくて，さらにこれら k^2 個の2階の偏導関数がすべて連続関数のとき，f を **C^2 級の関数**という．同じことであるが，(12)に現われた k 個の偏導関数がすべて C^1 級のとき，f を C^2 級といってもよい．

　f が C^2 級のとき，2階の偏導関数に対して，1つのよい性質が現われる．それは

$$\frac{\partial^2 f}{\partial x_i \partial x_j} = \frac{\partial^2 f}{\partial x_j \partial x_i} \quad (i, j=1, 2, \cdots, k)$$

が成り立つということである．すなわち，先に j 方向から

微分して，次に i 方向から微分した値は，先に i 方向から微分して，次に j 方向から微分したものに等しい．

f の 2 階の偏導関数がすべて C^1 級のとき，f を C^3 級という．このとき，f の 2 階の偏導関数はもう一度偏微分できて，

$$\frac{\partial^3 f}{\partial x_i \partial x_j \partial x_l}$$

のような形の 3 階の偏導関数がたくさん生まれてくる．この偏導関数はすべて連続で，上の微分の順序 i, j, l は，どこからはじめても，すべて同じ関数となる．たとえば

$$\frac{\partial^3 f}{\partial x_1 \partial x_2 \partial x_1} = \frac{\partial^3 f}{(\partial x_1)^2 \partial x_2} = \frac{\partial^3 f}{\partial x_2 (\partial x_1)^2}$$

となる．

同様にして，C^k 級の関数が定義されることがわかる．さらに進んで，次の定義をおこう．

定義 どんな自然数 k をとっても C^k 級の関数となっている関数を**滑らかな関数**，または **C^∞ 級の関数**という．

f を滑らかな関数とすると，f は何回でもくり返して偏微分することができ，そのようにして得られた関数は連続な関数となっている．また f 自身連続な関数となっている．

$\boldsymbol{R}^k$ 上で定義された C^∞ 級の関数の全体を，$C^\infty(\boldsymbol{R}^k)$ と書く．ここでまず問題となるのは，$C^\infty(\boldsymbol{R}^k)$ の中には，はた

してたくさんの関数があるのだろうかということである.
たとえば,多項式,すなわち
$$2x_1^2 x_2^5 \cdots x_k^6 - 5x_1^{10} x_2^8 \cdots x_k^3$$
のような形のものは,$C^\infty(\boldsymbol{R}^k)$ に入っている.また,$f_1(x)$,$f_2(x)$,…,$f_k(x)$ を数直線上で定義された滑らかな関数とすると,
$$F(x_1, x_2, \cdots, x_k) = f_1(x_1) f_2(x_2) \cdots f_k(x_k)$$
とおいて得られる関数 F は $C^\infty(\boldsymbol{R}^k)$ に属している.前節でみたように,数直線上の滑らかな関数は非常に多く存在しているから,このような関数 F もたくさんあって,したがって,$C^\infty(\boldsymbol{R}^k)$ は多くの関数を含んでいるのである.

$\boldsymbol{R}^2$ の場合,数直線上の滑らかな関数 f_1, f_2 を図77(Ⅰ)のようにとると,上のように f_1 と f_2 の積から得られる,

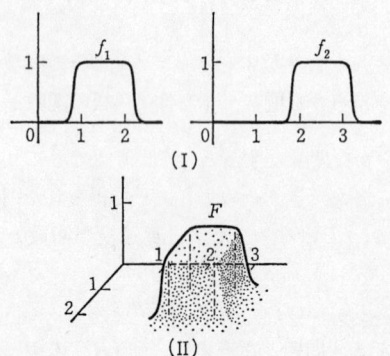

図77

$C^\infty(\boldsymbol{R}^2)$ に属する関数 F のグラフは，(II)のようになっている．すなわち $C^\infty(\boldsymbol{R}^2)$ の中には（一般には $C^\infty(\boldsymbol{R}^k)$ の中には），角を丸めた箱型の形でグラフが表わされるような関数が，たくさん含まれているのである．

2つの関数 f と g が $C^\infty(\boldsymbol{R}^k)$ に入っていれば，各点ごとに $f(x)$ と $g(x)$ を加えて得られる関数 $f+g$ も $C^\infty(\boldsymbol{R}^k)$ に入っている．また各点ごとに $f(x)$ と $g(x)$ をかけて得られる関数 fg も $C^\infty(\boldsymbol{R}^k)$ に入っている．$f \in C^\infty(\boldsymbol{R}^k)$ ならば，もちろん，実数 α に対して，$\alpha f \in C^\infty(\boldsymbol{R}^k)$ である．

$C^\infty(\boldsymbol{R}^k)$ を考える理由は何だろうか．私たちが，微分という概念を認め，与えられた関数から，偏微分という操作で新しい関数を生み出すこの方法を，自由に用いようとすると，次の性質をもつ関数の集まり S をあらかじめ設定しておく必要があるだろう．'S に属する関数はいつでも偏微分でき，その結果はまた S に含まれている．したがって S に属する関数は，何回でも偏微分できる．' S はこの条件をみたすものの中で，なるべく大きなものであってほしい．偏微分して得られた関数はすべて連続であるという条件を附しておけば，これから自然に $S = C^\infty(\boldsymbol{R}^k)$ となってしまう．

注意深い読者は，S として $C^\infty(\boldsymbol{R}^k)$ をとるより，$C^1(\boldsymbol{R}^k)$ をとった方が，もっと大きくなるのではなかろうかと疑問をもたれるかもしれない．しかし，$f \in C^1(\boldsymbol{R}^k)$ をとったとき，$\partial f/\partial x_i$ は，連続ではあるが，一般には $C^1(\boldsymbol{R}^k)$ に含ま

れなくなってしまって，S として採用する上の条件に適合しなくなってくるのである．たとえば，$\boldsymbol{R}^1$ の場合，数直線上の関数

$$f(x) = \begin{cases} x^2, & x \geq 0 \\ -x^2, & x < 0 \end{cases}$$

は C^1 級であるが，$f'(x)=2|x|$ で，これはもう原点で微分できない関数となっている．

なお最後に，今まで $\boldsymbol{R}^k$ で述べてきたことは，$\boldsymbol{R}^k$ の開集合 U 上で考えても，全く同様に述べることができる．U 上で定義された滑らかな関数全体の集まりを $C^\infty(U)$ とかく．

3. 写像と微分

k 次元ユークリッド空間 $\boldsymbol{R}^k$ 上で定義された関数 f は，見方をかえれば，$\boldsymbol{R}^k$ の各点 x に，$\boldsymbol{R}^1$ の点 $f(x)$ を対応させる $\boldsymbol{R}^k$ から $\boldsymbol{R}^1$ への写像を与えていると考えられる．関数と考えようが，写像と考えようが，実質は何も変らないが，私は，関数と考えるとき，f の表示としてまずグラフを思い，写像と考えるときには，f の表示としてまず図78のようなものが頭を横切っていく．しかしこれは一般的なことではないのかもしれない．

$\boldsymbol{R}^k$ 上の滑らかな関数 f は，$\boldsymbol{R}^k$ から $\boldsymbol{R}^1$ への写像と考えたときにも滑らかということにしよう．この定義には何の問題もないが，写像という立場に立ってみると，こんどは

3. 写像と微分

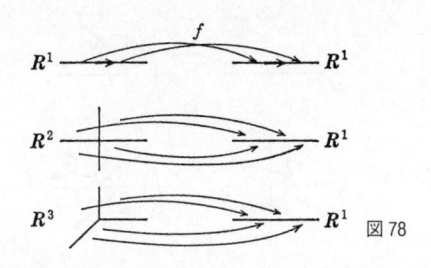

$$R^1 \xrightarrow{f} R^1$$

$$R^2 \longrightarrow R^1$$

$$R^3 \longrightarrow R^1$$

図78

　微分というものを，グラフの接線の勾配を対応させる対応であると見なすことは，そんな単純なことではないと気づかれるだろう．

　関数という見方を，写像という見方に移してしまえば，関数概念のごく自然な拡張として，たとえば，R^k から R^2 への写像 φ を考えることを思いつく．このような写像 φ が与えられたということは，頭の中でどんなことを想像してみたらよいのだろうか．$k=1$ のとき，すなわち R^1 から R^2 への写像 φ を与えることは，各実数 t に対して R^2 の点 $\varphi(t)$ が決まることだから，変数 t を時間と思えば，ある曲線上を，時間 t とともに点 $\varphi(t)$ が動いていくと思えばよい．この場合，曲線はちょうど，φ によって R^1 を移した像となっている（図79(I)）．

　$k=2$ のとき，すなわち R^2 から R^2 への写像 φ のときには，図79(II)のような，あまりはっきりしないものをかいてみるだけである．このとき，たとえ φ をグラフで描いて

(I)

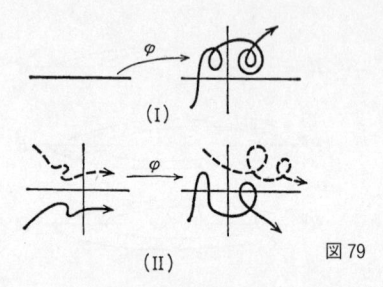

(II)

図79

みようと思っても、そのためには座標平面 R^2 に互いに直交するもう2本の座標軸が必要となって、それは4次元の世界だから、私たちの表示が可能な世界のことではなくなっている。一般の R^k から R^2 への写像、さらに、R^k から R^l への写像を調べる前に、R^2 から R^2 への写像を少し詳しく調べておこう。R^2 から R^2 への写像 φ は、一般には非常に複雑な様子をしており、それを何らかの形で察知しようとすることは一般には非常に難かしいことである。たとえば、薄いゴム膜でできている正方形を、何度も折り重ねたり伸縮したりしていると、複雑な形となるが、それをそのまま平面 R^2 の上に貼ってしまえば、この幾重にも重なって貼られている図形は、正方形を、ある写像 φ によって R^2 へ移したものだと見なせるだろう。

R^2 から R^2 への写像 φ が、点 (x_1, x_2) を点 (y_1, y_2) に移すとすると、各座標 y_1, y_2 は、(x_1, x_2) によって決まるから、この関係は

$$y_1 = \varphi_1(x_1, x_2)$$
$$y_2 = \varphi_2(x_1, x_2)$$

で表わされる. φ_1, φ_2 は $\boldsymbol{R}^2$ 上の関数である. 写像 φ が図示されないとすれば, φ を調べるためには, このような φ_1, φ_2 を用いて, 手探りで少しずつ調べていかなければならないだろう.

φ_1 と φ_2 が滑らかな関数のとき, φ を $\boldsymbol{R}^2$ から $\boldsymbol{R}^2$ への**滑らかな写像**という. 滑らかな写像の中で一番簡単な形をしているものは, もちろん φ_1 と φ_2 が定数のときである. $\varphi_1(x_1, x_2)=1$, $\varphi_2(x_1, x_2)=2$ とすれば, φ_1, φ_2 によって決まる写像 φ は, $\boldsymbol{R}^2$ のすべての点を, $\boldsymbol{R}^2$ の1点 (1, 2) に移していることになる.

このような定数写像は例外的だとすれば, 次に簡単なものは, φ_1 と φ_2 が1次式で与えられるときである. すなわち
$$\varphi_1(x_1, x_2) = a_{11}x_1 + a_{12}x_2$$
$$\varphi_2(x_1, x_2) = a_{21}x_1 + a_{22}x_2$$
の形のときである. φ_1, φ_2 を用いるかわりに, この場合に限っては, 右辺を

$$\begin{bmatrix} a_{11} & a_{12} \\ a_{21} & a_{22} \end{bmatrix} \begin{bmatrix} x_1 \\ x_2 \end{bmatrix}$$

とかいておいた方が便利である. $\begin{bmatrix} a_{11} & a_{12} \\ a_{21} & a_{22} \end{bmatrix}$ は, 2次の**正方行列**とよばれるものであって, 関数記号 φ_1, φ_2 と同じよう

なものだと考えておけばよい．ただ少し違うのは，φ_1, φ_2 は一般的な記号であるが，行列は，φ がどんな写像かまでわかるように書いてある点である．したがって，φ が $x=(x_1, x_2)$ を $y=(y_1, y_2)$ に移しているということは，2 通りの表わし方

(13) $\quad \begin{array}{l} y_1 = a_{11}x_1 + a_{12}x_2 \\ y_2 = a_{21}x_1 + a_{22}x_2 \end{array} \iff \begin{bmatrix} y_1 \\ y_2 \end{bmatrix} = \begin{bmatrix} a_{11} & a_{12} \\ a_{21} & a_{22} \end{bmatrix} \begin{bmatrix} x_1 \\ x_2 \end{bmatrix}$

があることになった．

この場合，φ が $\boldsymbol{R}^2$ から $\boldsymbol{R}^2$ の上への 1 対 1 の写像を与えているということは，どのようなことだろうか．1 対 1 とは，$y=\varphi(x)$ となる x は，y に対してただ 1 つしかないということであり，上への写像とは，どんな y をもってきても，$y=\varphi(x)$ となる x は必ず見つかるということである．すなわち (13) の左側にかいてある連立方程式の形では，(y_1, y_2) をどんなに選んできても，(13) をみたす解 (x_1, x_2) がただ 1 つ存在するということである．実際，この連立方程式を解いてみると

$$a_{11}a_{22} - a_{12}a_{21} \neq 0$$

のときだけ，どんな (y_1, y_2) に対しても解があって，このとき

$$D = a_{11}a_{22} - a_{12}a_{21}$$

とおくと，その解 (x_1, x_2) はただ 1 通りに

$$x_1 = \frac{a_{22}}{D}y_1 - \frac{a_{12}}{D}y_2$$
(14)
$$x_2 = -\frac{a_{21}}{D}y_1 + \frac{a_{11}}{D}y_2$$

と表わされることがわかる．D を行列 $\begin{bmatrix} a_{11} & a_{12} \\ a_{21} & a_{22} \end{bmatrix}$ の**行列式**という．

したがって，φ が $\boldsymbol{R}^2$ から $\boldsymbol{R}^2$ の上への1対1の写像となっているための必要かつ十分な条件は，行列式が0でないこと，すなわち
$$D \neq 0$$
で与えられることがわかった．φ が $\boldsymbol{R}^2$ から $\boldsymbol{R}^2$ の上への1対1の写像ならば，その逆写像 φ^{-1} が存在するが，φ^{-1} は，$y = \varphi(x)$ のとき，y に x を対応させる対応だから，その具体的な形はすでに(14)で与えられている．したがって φ^{-1} は，行列を使えば
$$\begin{bmatrix} x_1 \\ x_2 \end{bmatrix} = \begin{bmatrix} a_{22}/D & -a_{12}/D \\ -a_{21}/D & a_{11}/D \end{bmatrix} \begin{bmatrix} y_1 \\ y_2 \end{bmatrix}$$
と表わされる．

(13)で与えられる写像 φ が，$\boldsymbol{R}^2$ から $\boldsymbol{R}^2$ の上への1対1の写像を与えるとき，行列 $\begin{bmatrix} a_{11} & a_{12} \\ a_{21} & a_{22} \end{bmatrix}$ は**正則**であるという．正則となる条件は $D \neq 0$ で与えられている．

さて，次に調べるのは，一般の $\boldsymbol{R}^k$ から $\boldsymbol{R}^2$ への写像であるが，この場合になってくると，移された先が $\boldsymbol{R}^2$ であるということが，一般的な事柄を述べる際，特に簡単な状

況を与えてはいない。ここでは思いきって、R^k から R^l への写像というもっとも一般的な設定へ移っていくことにしよう。

R^k から R^l への写像 φ が与えられたとする。φ は R^k の点 $x=(x_1, x_2, \cdots, x_k)$ を、R^l の点 $y=(y_1, y_2, \cdots, y_l)$ に移すが、φ の各座標 $y_1, y_2, \cdots, y_l$ は、このとき $(x_1, x_2, \cdots, x_k)$ によって決まるから、φ は、

$$y_1 = \varphi_1(x_1, x_2, \cdots, x_k)$$
$$y_2 = \varphi_2(x_1, x_2, \cdots, x_k)$$
$$\cdots\cdots\cdots\cdots$$
$$y_l = \varphi_l(x_1, x_2, \cdots, x_k)$$

と表わされる；l 個の関数 $\varphi_1, \varphi_2, \cdots, \varphi_l$ は、R^k 上で定義された実数値の関数である。

φ が連続な写像であるということは、x が少し変動するとき、それにつれて y も、したがってまた各座標 $y_1, y_2, \cdots, y_l$ も少し変動することだから、$\varphi_1, \varphi_2, \cdots, \varphi_l$ の1つ1つが連続関数であるといっても同じことである。

定義 $\varphi_1, \varphi_2, \cdots, \varphi_l$ がすべて R^k 上の滑らかな関数のとき、写像 φ は**滑らか**であるという。

写像の滑らかさを与えるこの定義は、ごく自然なものであるが、ここで1つだけ注意を与えておこう。φ が連続であるという定義ならば、距離さえ与えておけば、$\varphi_1, \varphi_2,$

…, φ_l を用いなくてももちろん可能である．それは位相空間の立場であった．しかし φ の滑らかさを定義するためには，抽象的な写像という観点からは定義されなくて，座標を用いた表示によってはじめて可能となってくるのである．連続性にくらべ，滑らかであるという性質は，はるかに強く座標に密着している．

φ が滑らかな写像であれば，誰しも φ を微分してみようと思う．偏微分するといっても，l 個の関数 $\varphi_1, \varphi_2, \cdots, \varphi_l$ がある．まず φ_1 を $x_1, \cdots, x_k$ で偏微分すれば，k 個の関数

$$\frac{\partial \varphi_1}{\partial x_1}, \frac{\partial \varphi_1}{\partial x_2}, \cdots, \frac{\partial \varphi_1}{\partial x_k}$$

が得られる．次に φ_2 を $x_1, \cdots, x_k$ で偏微分すれば，再び k 個の関数

$$\frac{\partial \varphi_2}{\partial x_1}, \frac{\partial \varphi_2}{\partial x_2}, \cdots, \frac{\partial \varphi_2}{\partial x_k}$$

が得られる．以下順に，$\varphi_3, \cdots, \varphi_l$ を偏微分して得られる関数をひとまとめにして

$$(15) \quad \begin{bmatrix} \dfrac{\partial \varphi_1}{\partial x_1} & \dfrac{\partial \varphi_1}{\partial x_2} & \cdots & \dfrac{\partial \varphi_1}{\partial x_k} \\ \dfrac{\partial \varphi_2}{\partial x_1} & \dfrac{\partial \varphi_2}{\partial x_2} & \cdots & \dfrac{\partial \varphi_2}{\partial x_k} \\ & \cdots\cdots\cdots & \\ \dfrac{\partial \varphi_l}{\partial x_1} & \dfrac{\partial \varphi_l}{\partial x_2} & \cdots & \dfrac{\partial \varphi_l}{\partial x_k} \end{bmatrix}$$

と書いておこう．(15)をφの**ヤコビ行列**といい$J(\varphi)$で表わす．ヤコビ行列というよび方は少し重々しいし，その中に偏導関数がkl個も含まれているから，厄介なものが出てきたと思われるかもしれないが，滑らかな写像の定義が自然であり，偏微分してみることも自然な考えならば，どの座標も特別扱いしない限り，φから自然に(15)が導かれるわけであって，その限りでは，ヤコビ行列$J(\varphi)$は，φにしっかりと附随している概念である．

定義は自然であっても，ヤコビ行列$J(\varphi)$は何を意味しているのか，また$J(\varphi)$を調べることは，φのどのような性質を調べることになっているのかと問えば，これは決して明らかなことではないだろう．$J(\varphi)$は，写像φの微分のようなものであるから，この問題は，写像の微分の意味を求める深い問題へとつながってくるはずである．

いま特に，$\boldsymbol{R}^k$から$\boldsymbol{R}^k$への写像の場合を考えよう．ヤコビ行列（写像の微分！）の意味を述べる前に，少しわき道に入っていこう．$\boldsymbol{R}^k$から$\boldsymbol{R}^k$への写像の中で，定数写像の次に簡単なものは，$\boldsymbol{R}^2$から$\boldsymbol{R}^2$への写像の場合と同様に，1次写像（線形写像！）である．1次写像φが，点$(x_1, x_2, \cdots, x_k)$を点$(y_1, y_2, \cdots, y_k)$に移したとすれば，その関係はこれらの座標を用いて

$$y_1 = a_{11}x_1 + a_{12}x_2 + \cdots + a_{1k}x_k$$
$$y_2 = a_{21}x_1 + a_{22}x_2 + \cdots + a_{2k}x_k$$
(16)
$$\cdots\cdots\cdots$$
$$y_k = a_{k1}x_1 + a_{k2}x_2 + \cdots + a_{kk}x_k$$

と表わされる．和の記号 $\sum$ を使えばこれらの式は

$$y_i = \sum_{j=1}^{k} a_{ij}x_j \quad (i=1, 2, \cdots, k)$$

とまとめられる．しかし，$\boldsymbol{R}^2$ から $\boldsymbol{R}^2$ への1次写像のときに用いたように，行列の記法を使って(16)を

(17)
$$\begin{bmatrix} y_1 \\ y_2 \\ \vdots \\ y_k \end{bmatrix} = \begin{bmatrix} a_{11} & a_{12} & \cdots & a_{1k} \\ a_{21} & a_{22} & \cdots & a_{2k} \\ & \cdots\cdots & \\ a_{k1} & a_{k2} & \cdots & a_{kk} \end{bmatrix} \begin{bmatrix} x_1 \\ x_2 \\ \vdots \\ x_k \end{bmatrix}$$

とかいた方がもっと適切かもしれない．この(17)も，さらに

$$A = \begin{bmatrix} a_{11} & a_{12} & \cdots & a_{1k} \\ a_{21} & a_{22} & \cdots & a_{2k} \\ & \cdots\cdots & \\ a_{k1} & a_{k2} & \cdots & a_{kk} \end{bmatrix}, \quad \boldsymbol{x} = \begin{bmatrix} x_1 \\ x_2 \\ \vdots \\ x_k \end{bmatrix}, \quad \boldsymbol{y} = \begin{bmatrix} y_1 \\ y_2 \\ \vdots \\ y_k \end{bmatrix}$$

とおけば，

$$\boldsymbol{y} = A\boldsymbol{x}$$

と簡明になってくる．

さて，このような1次写像が，$\boldsymbol{R}^k$ から $\boldsymbol{R}^k$ の上への1対

1の写像を与えている条件を求めたい．この条件は，$\boldsymbol{R}^2$ から $\boldsymbol{R}^2$ への写像の場合と同様に考えれば，連立方程式(16)が，どんな $(y_1, y_2, \cdots, y_k)$ をもってきても，ただ1つの解 $(x_1, x_2, \cdots, x_k)$ をもつように解けることで与えられる．

実際，(16)の解き方は，クラーメルの解法といって昔から知られているので，その解法を見ると，上の条件は，$\boldsymbol{R}^2$ から $\boldsymbol{R}^2$ への1次写像の場合の一般化として，次のような連立方程式に関する定理の形で与えられることがわかる．

'連立方程式(16)が，どんな $(y_1, y_2, \cdots, y_k)$ をもってきてもただ1つの解をもつための必要かつ十分条件は，行列 A の行列式 $\det A$ が0でないことである．'

行列式について少し述べておこう．k 次の正方行列 A に対し，行列式とよばれる実数 $\det A$ を対応させることができる．$k=1, 2, 3$ のときには下のように定義される：

$k=1$
$$\det[a_{11}] = a_{11}$$

$k=2$
$$\det\begin{bmatrix} a_{11} & a_{12} \\ a_{21} & a_{22} \end{bmatrix} = a_{11}a_{22} - a_{12}a_{21}$$

($\boldsymbol{R}^2$ から $\boldsymbol{R}^2$ への写像のときの D の定義と一致している．)

$k=3$
$$\det\begin{bmatrix} a_{11} & a_{12} & a_{13} \\ a_{21} & a_{22} & a_{23} \\ a_{31} & a_{32} & a_{33} \end{bmatrix} = a_{11}a_{22}a_{33} + a_{12}a_{23}a_{31} + a_{13}a_{21}a_{32} \\ - a_{13}a_{22}a_{31} - a_{11}a_{23}a_{32} - a_{12}a_{21}a_{33}.$$

行列で横の列を'行'，たての列を'列'という．一般に行列の

中の元が a_{ij} と書いてあれば，ふつうは，i 行 j 列の元が a_{ij} であると了解している．さて，$k=3$ のときの $\det A$ の右辺を見ると，その各項は行列 A の 1 行目，2 行目，3 行目からそれぞれのところが重複がないように 1 列目，2 列目，3 列目のどれかの元をもってきて，それらをかけ合わせて得られていることがわかる．たとえば，第 1 項目 $a_{11}a_{22}a_{33}$ は 1 列目，2 列目，3 列目の順でとっており，第 2 項目 $a_{12}a_{23}a_{31}$ は 2 列目，3 列目，1 列目の順でとっている．それらは，各項を $a_{1j_1}a_{2j_2}a_{3j_3}$ と書いたとき，列の番号 j_1, j_2, j_3 に注目してみるとわかる．3 次の行列式は，そのような項に適当に符号をつけて加え合わせて得られていることがわかる．

一般の k 次の正方行列 A に対しても，$\det A$ は大体同様にして定義する．思いきって $\det A$ の定義をかいてしまえば，次のようになる：

$$\det\begin{bmatrix} a_{11} & a_{12} & \cdots & a_{1k} \\ a_{21} & a_{22} & \cdots & a_{2k} \\ & \cdots\cdots & & \\ a_{k1} & a_{k2} & \cdots & a_{kk} \end{bmatrix} = \pm\sum a_{1j_1}a_{2j_2}\cdots a_{kj_k}.$$

ここで右辺の和は，$\{1, 2, \cdots, k\}$ のすべての順列 $\{j_1, j_2, \cdots, j_k\}$ についてとっており，$\pm$ の符号は，置換 $1\to j_1,\ 2\to j_2,\ \cdots,\ k\to j_k$ が偶置換ならば $+1$, 奇置換ならば -1 としたものである（偶置換, 奇置換の定義は，ここでは省略する）．

行列式 $\det A$ の定義に不慣れな読者には，いま述べた条件では，何のことかはっきりしない感じを抱かれたのではなかろうかと思う．しかし私のこれからの話には，実は行列式の定義は知らなくともよいのであって，行列式が提示する条件の意味するところだけが重要である．それは次のようなことである．一般に，$\boldsymbol{R}^k$ から $\boldsymbol{R}^k$ への写像 φ が与

えられたとき, φ に関する性質として, 1対1の, 上への写像であるという性質は簡明な性質である. あえていえば, 簡明すぎる性質である. そのために, 逆に, 与えられた写像 φ がこの性質をもつかどうかを調べるのは, 非常に面倒なことになってくる.（性質が複雑になった方が, 判定する手がかりが多くなるということもあるのである.）たとえば $\boldsymbol{R}^2$ から $\boldsymbol{R}^2$ への次の式で定義される写像が, その性質をもつかどうかと問われれば, 面倒なことだと思うだろう：

$$y_1 = x_1{}^2 - x_2{}^2 + 3x_1$$
$$y_2 = 2x_1 x_2 + 3x_2$$

上に述べた命題の重要さは, φ が1次写像のときには, φ が1対1の, 上への写像であるという, φ に関する'定性的な'性質が, $\det A \neq 0$ という'定量的な'性質におきかえられることを主張している点にある. φ によって, $\boldsymbol{R}^k$ がどのように $\boldsymbol{R}^k$ の中へ移されていくかなどということを少しも思いやってみなくとも, 私たちは, 必要ならばコンピューターを使ってでも, $\det A$ を計算してしまえば, 得られた数値が0でないとき, φ は1対1の, $\boldsymbol{R}^k$ の上への写像だと結論できてしまうのである.

このような, 定性的なものの判定を, 定量的なものの判定へと変換する原理は, しばしば数学をより高い立脚点へ導くことがある.

私たちは, 同じ原理が, 単に1次写像の場合だけではな

くて，R^k から R^k への滑らかな写像に対しても適用されないかと考えてみたい．そのため滑らかな写像 φ に関する次の性質を(P)とおこう．

(P) φ は1対1の，上への写像で，逆写像 φ^{-1} も滑らかである．

そこで次ページにあるような，(a_1), (a_k), (b_1), (b_k) という4つの命題を含む表をみてみよう．

まずこの表を説明しよう．

(a_1) は，座標平面上で原点を通る直線の式だから，勾配が0（x 軸！）でない限り，性質(P)をもつことは明らかである（図80(a_1)）．

さてこの命題 (a_1) を拡張する方向として2つの方向が考えられる．1つは1次写像という性質は保存しておいて，次元を一般の k 次元にしてしまうことである．この方向では，命題 (a_k) が得られることは，上で述べておいた．このとき，逆写像 φ^{-1} も1次写像となっている．

(a_1) を拡張するもう1つの方向は，次元が1次元ということは保存しておいて，1次写像の方を滑らかな写像でおきかえてしまう方向である．このとき (b_1) が得られる（図80(b_1)）．(b_1) の条件 $\varphi'(0) \neq 0$ は，ax の微分は a だから，ちょうど (a_1) の条件と適合している．ただし，(a_1) から (b_1) へ移る過程で，1つの注意すべき変化が生じている．(a_1) では，性質(P)は 'R^1 全体でみたされる' としてあったが，(b_1) では，'原点のある近傍でみたされる' に変って

(a₁) $\mathbf{R}^1$から$\mathbf{R}^1$への1次写像 $$y = ax$$ が$\mathbf{R}^1$上で性質(P)をもつ条件は $$a \neq 0$$	(b₁) $\mathbf{R}^1$から$\mathbf{R}^1$への滑らかな写像 $$y = \varphi(x)$$ で,$\varphi(0)=0$をみたすものが,原点のある近傍で性質(P)をもつ条件は $$\varphi'(0) \neq 0$$
(aₖ) $\mathbf{R}^k$から$\mathbf{R}^k$への1次写像 $$y_i = \sum_{j=1}^{k} a_{ij} x_j$$ ($i=1, 2, \cdots, k$)が,$\mathbf{R}^k$上で性質(P)をもつ条件は $$\det \begin{bmatrix} a_{11} & \cdots & a_{1k} \\ \cdots & \cdots & \cdots \\ a_{k1} & \cdots & a_{kk} \end{bmatrix} \neq 0$$	(bₖ) $\mathbf{R}^k$から$\mathbf{R}^k$への滑らかな写像 $$y = \varphi(x)$$ で,$\varphi(0)=0$をみたすものが,原点のある近傍で性質(P)をもつ条件は (?)

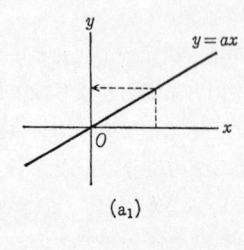

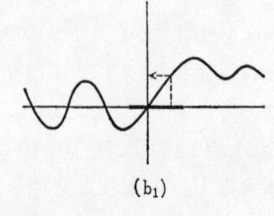

図 80

いる．この意味は，原点の十分小さい近傍 U と V とをとると，φ は U から V の上への1対1写像であって，逆写像 φ^{-1} は V から U への滑らかな写像となっていることである．命題 (b_1) が成り立つことは，次のようにしてわかる．φ が滑らかだから，$\varphi'(x)$ は連続である．したがって $\varphi'(0) \neq 0$ ならば，φ' は原点の近くで，つねに正か，つねに負である．ゆえにこの範囲で φ は単調増加か，単調減少であって，性質(P)が成り立つことがわかる（φ^{-1} が原点の近くで滑らかのことは，微分法の定理からわかる）．逆に性質(P)が成り立てば，$\varphi^{-1}(\varphi(x))=x$ が原点の近くで成り立つから，両辺微分して $x=0$ とおいてみると $\varphi^{-1'}(0) \cdot \varphi'(0) = 1$ となり，$\varphi'(0) \neq 0$ が得られる．

この表の (b_k) は，(a_1) の2方向の拡張を同時に望むものであって，この関係を図式でわかりやすく表わしてみると

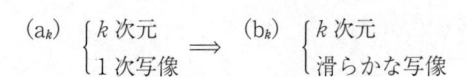

(a_1) $\begin{cases} 1次元 \\ 1次写像 \end{cases} \Longrightarrow$ (b_1) $\begin{cases} 1次元 \\ 滑らかな写像 \end{cases}$

$\Downarrow \hspace{5em} \Downarrow$

(a_k) $\begin{cases} k次元 \\ 1次写像 \end{cases} \Longrightarrow$ (b_k) $\begin{cases} k次元 \\ 滑らかな写像 \end{cases}$

となっている．私たちの求めたいのは (b_k) の条件(？)である．

この表をよく見ていると，(？)がどんな形でかかれるものかの予想は得られる．(a_1)⇒(b_1) への条件の推移をみる

と，(a_1) の条件を原点における微分の条件で表わしたものが，ちょうど (b_1) の条件となっている．したがって，(?) にくる条件は，(a_k) の条件を，微分の条件で完全にかき直したものではなかろうかと推測される．ところで

$$y_1 = a_{11}x_1 + a_{12}x_2 + \cdots + a_{1k}x_k$$

で，係数 $a_{11}, a_{12}, \cdots, a_{1k}$ は，それぞれ

$$\frac{\partial y_1}{\partial x_1}, \frac{\partial y_1}{\partial x_2}, \cdots, \frac{\partial y_1}{\partial x_k}$$

で与えられる．一般に

$$a_{ij} = \frac{\partial y_i}{\partial x_j}$$

となっている．したがって $\boldsymbol{R}^k$ から $\boldsymbol{R}^k$ への滑らかな写像 φ（$\varphi(0)=0$ は仮定しておく）が与えられたとき，座標を用いて φ を

$$y_1 = \varphi_1(x_1, x_2, \cdots, x_k)$$
$$y_2 = \varphi_2(x_1, x_2, \cdots, x_k)$$
$$\cdots\cdots\cdots$$
$$y_k = \varphi_k(x_1, x_2, \cdots, x_k)$$

と表わしておけば，(?) は

$$\det \begin{bmatrix} \frac{\partial \varphi_1}{\partial x_1}(0) & \frac{\partial \varphi_1}{\partial x_2}(0) & \cdots & \frac{\partial \varphi_1}{\partial x_k}(0) \\ & \cdots\cdots & & \\ \frac{\partial \varphi_k}{\partial x_1}(0) & \frac{\partial \varphi_k}{\partial x_2}(0) & \cdots & \frac{\partial \varphi_k}{\partial x_k}(0) \end{bmatrix} \neq 0$$

で与えられるのではなかろうか．ここに現われた行列は，φ の原点におけるヤコビ行列 $J(\varphi)(0)$ である．

この私たちの推測は，実際次の定理によってその成立が保証される．

定理 φ は $\boldsymbol{R}^k$ から $\boldsymbol{R}^k$ への滑らかな写像で，$\varphi(0)=0$ をみたすものとする．そのとき，原点の近傍 U, V が存在して，φ は U から V の上への 1 対 1 写像であり，かつ逆写像 φ^{-1} が V から U への滑らかな写像となっているための必要かつ十分な条件は

$$\det J(\varphi)(0) \neq 0$$

で与えられる．

一般に，正方行列 A が $\det A \neq 0$ をみたすとき，A は正則行列というから，この言葉を使えば，上の条件は'ヤコビ行列が原点で正則のことである'といっても同じことになる．

この定理は**逆写像定理**とよばれて，多様体論で基本的な役割を演ずる重要な定理である．$\boldsymbol{R}^k$ という k 次元の空間は，全く眼に見えない空間であり，写像 φ はまた，一般に非常に複雑な様相を示していることを考えれば，原点で，1つの行列の行列式を計算してみるだけで，φ が原点の近くで簡明な性質をもつかどうかを判明できるということは，まことに驚くべきことではなかろうか．

この定理の証明はここでは述べないが，$J(\varphi)(0)$ が正則

行列のことから性質(P)を導くことが難しく，それを示すには，次のような考えによっていることだけを注意しておこう．まず1次写像

$$y_i = \sum_{j=1}^{k} \frac{\partial \varphi_i}{\partial x_j}(0) x_j \quad (i=1, 2, \cdots, k)$$

は，φ を十分よく近似している1次写像である．(a_k) を使うと，$\det J(\varphi)(0) \neq 0$ から，この1次写像は $\boldsymbol{R}^k$ から $\boldsymbol{R}^k$ の上への1対1の写像である．次に (b_1) の証明をみてもわかるように，$\det J(\varphi)(0) \neq 0$ から，原点の十分近くの点 x でも $\det J(\varphi)(x) \neq 0$ であるという事実を使う必要があるだろう．この事実をいかに読みとるかが，証明の鍵となっている．

長い準備であったが，ここまできてはじめて，本書の主題である'多様体とは何か'に出会ったようである．多様体とは，簡単にいえば，空間に拡がっていく近さの場に，さらに各点に微分の概念から生ずる深さを付与して得られる場である．近さと深さとが相互に関連しながら，局所的から大域的へと拡がっていく様相の中に，私たちのもつほとんどすべての数学的直観が，ある姿をとって実現され，そしてその上で現代数学が多彩な展開をしていくことになる．

そのような多様体の正確な記述は次章で与えよう．

第4章 滑らかな場（多様体）

1. 微分性を保つ写像

また簡単な話からはじめていこう．山道を走っている1台の自動車を考える．出発点から測ってxキロメートルだけ離れた地点の海抜を$f(x)$メートルとしよう．道は整備されたよい道だとすれば，進むにつれて，高さも自然に滑らかに変化してくるだろう．したがって，$f(x)$は滑らかな関数と仮定して差し支えない．

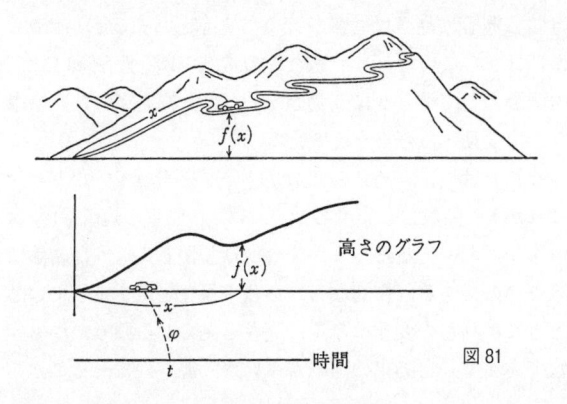

図81

自動車は出発後 t 時間のとき,出発点から x キロメートルのところにいるとする.その関係は
(1) $$x = \varphi(t)$$
で与えられるとしよう.自動車に乗っている人が,出発後 t 時間のとき,海抜何メートルのところに辿りついたという考え方は,ごく自然であって,このことは,高さは,自動車に乗っている人にとっては,時間 t の関数になっていることを示している.この関係は,数学的には,$f(x)$ の x のところに (1) を代入することによって,t の関数が得られるということによって示される:
$$f(x) = f(\varphi(t)).$$
このとき,$f(\varphi(t))$ は t の関数としても滑らかであろうか.しかし,自動車が急にブレーキを踏んだり,急にアクセルを踏んだりする運転をくり返していれば,それに応じて,時間とともに高さは急激な変り方を示し,$f(\varphi(t))$ は滑らかにはならないだろう.私たちの常識では,距離 $\varphi(t)$ が t の関数として滑らかに変動していれば,高さ $f(\varphi(t))$ も滑らかに変動するだろうと考える.

それでは逆に,高さの関数 $f(\varphi(t))$ を測っていたとき,これが t の関数として滑らかならば,自動車の運転 $\varphi(t)$ は滑らかだといえるだろうか.今度はしかし,そうは結論できないのである.なぜなら,ある平坦な場所を走っているときには高さの変化はなく,高さを見ている限りいつも定数であって,自動車の運転がよいか,悪いかは,そこから

何の判定もできないからである．このときでも，$f(x)$として高さだけではなく，xのいろいろな滑らかな関数をとれれば，それらの関数に(1)を代入することにより，$\varphi(t)$の滑らかさは判定されるだろう．たとえば$f(x)$として(多少トートロジーのようであるが)距離xそのものをとれば，$\varphi(t)$は滑らかかどうかわかる．

数学的には，この状況は次のようにまとめて述べることができる．

'$\boldsymbol{R}^1$から$\boldsymbol{R}^1$への写像$x=\varphi(t)$が滑らかであるための必要十分な条件は，どんな滑らかな関数$f(x)$をとっても，$f(\varphi(t))$がtの関数として滑らかとなることである．'

このとき，関数fは，xの関数とみるか，tの関数とみるかによって，全く異なった様子を示すことになる．$t=t_0$において，したがってまた$x_0=\varphi(t_0)$において，fをtの関数とみて微分するか，xの関数とみて微分するかによって，微分した値は違ったものになる．その関係は，合成関数の微分則として知られており，

$$(2) \qquad \frac{d(f \circ \varphi)}{dt}(t_0) = \frac{df}{dx}(x_0)\frac{d\varphi}{dt}(t_0)$$

で与えられる．（どの変数で微分するか明示するため，微分を示すのに，f'という記号は用いなかった．）この関係から，たとえば，自動車の速度が0となる時刻t_0の近くで，自動車の中からほかの関数を測ってみても，時間に関する変化率はt_0ではつねに0となっていることがわかる．

上に述べたことは，R^1 から R^1 への写像が滑らかであるという性質は，R^1 上の滑らかな関数に移しかえて，滑らかな関数は滑らかな関数に引戻されるといういい方でいい表わすことができることを示している．このことは，R^k から R^l への写像の場合にも成り立つことである．すなわち

'R^k から R^l への写像 $y=\varphi(x)$ が滑らかであるための必要十分な条件は，どんな $f\in C^\infty(R^l)$ をとっても，x の関数 $f(\varphi(x))$ が $C^\infty(R^k)$ に含まれていることである．'

合成写像の記号 $\circ$ を使えば，このことは簡単に

'φ が滑らかな写像であるための必要十分条件は

(3) $\qquad f\in C^\infty(R^l) \Longrightarrow f\circ\varphi\in C^\infty(R^k)$'

といい表わされる．

このとき，R^l 上の関数 $f(y)$ を y の関数として偏微分したものと，f を x の関数と思って得られる関数 $f\circ\varphi$ を x で偏微分したものとは，どのような関係があるだろうか．

簡単のため，$\varphi(0)=0$ としてみよう．そのとき R^k の x_1 軸 $(x_1, 0, 0, \cdots, 0)$ は，φ によって，R^l の原点を通る曲線 C：

$y_1=\varphi_1(x_1, 0, 0, \cdots, 0), \quad y_2=\varphi_2(x_1, 0, 0, \cdots, 0), \quad \cdots,$
$y_l=\varphi_l(x_1, 0, 0, \cdots, 0)$

へ移される（図82）．

$f\circ\varphi(x)=f(\varphi_1(x), \varphi_2(x), \cdots, \varphi_l(x))$ を x_1 に関して原点で偏微分することは，R^k の原点の近くで，x_1 軸に沿って

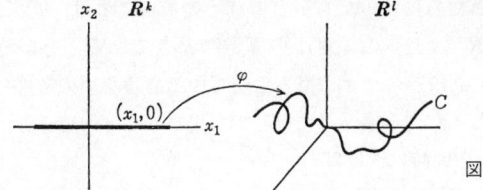

図 82

の $f \circ \varphi$ の変化率を調べることであるが,それは φ で移したところで考えれば,曲線 C に沿って,R^l の原点の近くで,f の変化する率を調べることによって得られるはずである.曲線 C は,自動車の例の場合の道路に似て,一方では,$y_1, y_2, \cdots, y_l$ と R^l の座標で表わせるが,他方では,R^k からやってくる変数 x_1 によって規制を受けている.したがって,この偏微分の間の関係は,式が長くなって厄介ではあるが,本質的には,(2) と同じ性格の式で表わされるに違いない.実際,次のような公式が成り立つことが知られている.(ここで $\partial(f \circ \varphi)/\partial x_i$ とかくべきところを,偏微分する変数によって,どこで考えているか明らかになっているので,単に $\partial f/\partial x_i$ と略記してある.)

$$\frac{\partial f}{\partial x_i} = \frac{\partial f}{\partial y_1}\frac{\partial y_1}{\partial x_i} + \frac{\partial f}{\partial y_2}\frac{\partial y_2}{\partial x_i} + \cdots + \frac{\partial f}{\partial y_l}\frac{\partial y_l}{\partial x_i} \quad (i=1, 2, \cdots, k),$$

あるいは,$\sum$ を用いて簡単に

(4) $$\frac{\partial f}{\partial x_i} = \sum_{j=1}^{l} \frac{\partial f}{\partial y_j}\frac{\partial y_j}{\partial x_i} \quad (i=1, 2, \cdots, k).$$

私たちにとってもっとも関心のあることは，φ が $\boldsymbol{R}^k$ から $\boldsymbol{R}^k$ の上への1対1の写像のときである．そのときには，上に述べた φ が滑らかな写像であるための条件(3)は，もちろん逆写像 φ^{-1} に対しても用いることができる．その2つを同時にかけば

'φ と φ^{-1} が滑らかな写像となるための必要十分な条件は

(5) $\qquad f \in C^\infty(\boldsymbol{R}^k) \iff f \circ \varphi \in C^\infty(\boldsymbol{R}^k)$

で与えられる．'

念のため，十分性だけを示しておこう．⇒と(3)から，この条件が成り立てば φ が滑らかのことは明らかである．一方，任意の $g \in C^\infty(\boldsymbol{R}^k)$ に対して，$g \circ \varphi^{-1} = f$ とおくと，$g = f \circ \varphi$ が滑らかな関数だから，条件の⇐が使えて，$f \in C^\infty(\boldsymbol{R}^k)$ である．すなわち，$g \in C^\infty(\boldsymbol{R}^k) \Longrightarrow g \circ \varphi^{-1} \in C^\infty(\boldsymbol{R}^k)$ がいえて，再び(3)から φ^{-1} が滑らかな写像のことがわかった．

$\boldsymbol{R}^k$ から $\boldsymbol{R}^k$ の上への1対1の写像 φ が，上の条件をみたすとき，φ を $\boldsymbol{R}^k$ から $\boldsymbol{R}^k$ への微分同相写像という．もっと一般にして次の定義をおこう．

定義 $\boldsymbol{R}^k$ の開集合 U から，$\boldsymbol{R}^k$ の開集合 V の上への1対1の滑らかな写像 φ が，その逆写像 φ^{-1} も V から U への滑らかな写像となっているとき，φ を U から V への**微分同相写像**という．

このときも上の命題に相当することはそのまま成り立って，

$$f \in C^\infty(V) \Longleftrightarrow f \circ \varphi \in C^\infty(U)$$

がいえる（図83）．

φ を U から V への微分同相写像とすると，V 上の滑らかな関数と U 上の滑らかな関数は，互いに1対1に対応してしまう．図83のように，U が φ によって，伸縮されて V へと形を変えたとする．そのとき，V 上の関数 f は，U 上の関数 $f \circ \varphi$ と見なせるが，f のグラフは，$f \circ \varphi$ のグラフを，高さを変えないで，底空間 U, V の伸縮に応じてそのまま伸縮して得られたものになっていて，f が滑らかならば，$f \circ \varphi$ も滑らかな曲面をつくっている．

φ が U から V への微分同相写像ならば，U 上の滑らかな性質，たとえば U 上の滑らかな曲線などは，そっくりそ

U 上の $f \circ \varphi$ のグラフ　　　　V 上の f のグラフ

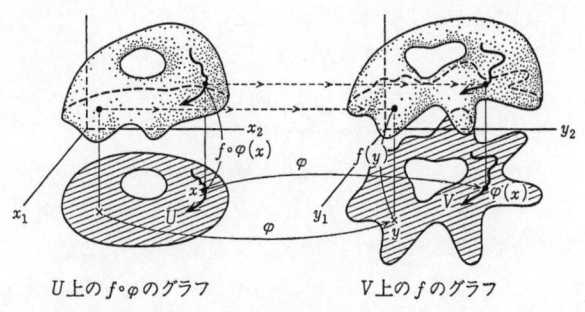

図83

のまま, φ によって V に移されていくだろう. V 上の滑らかな関数 $f(y)$ は, $y=\varphi(x)$ によって, U 上の滑らかな関数 $f \circ \varphi(x)$ に引き戻されてくるが, このとき, 互いの偏微分の関係は, (4)によってすでに与えられている. それをもう一度, いまの場合に再記しておこう:

(4)′ $$\frac{\partial f}{\partial x_i} = \sum_{j=1}^{k} \frac{\partial f}{\partial y_j} \frac{\partial y_j}{\partial x_i} \quad (i=1, 2, \cdots, k).$$

(ここで(4)の場合と同じく, $f \circ \varphi$ の偏微分に対する略記法を左辺に採用している.) φ^{-1} によって V は U へ移るから, (4)′ のようなかき方をしていると, 変数 x と y は相互に移りあっている. したがって(4)′の式で, 形式的に x と y を取りかえた式もまた成り立つはずである:

(6) $$\frac{\partial f}{\partial y_i} = \sum_{j=1}^{k} \frac{\partial f}{\partial x_j} \frac{\partial x_j}{\partial y_i} \quad (i=1, 2, \cdots, k).$$

この式で, $i \to j$, $j \to m$ に記号を取りかえてみると, 左辺は, (4)′の右辺に登場していることに気がつく. したがって, 代入すると, (4)′の式から

$$\frac{\partial f}{\partial x_i} = \sum_{j=1}^{k} \left(\sum_{m=1}^{k} \frac{\partial f}{\partial x_m} \frac{\partial x_m}{\partial y_j} \right) \frac{\partial y_j}{\partial x_i} \quad (i=1, 2, \cdots, k)$$

という, 面倒な式が出てくる. しかしこの式が簡単になってしまうときがある. それは, f の x に関する偏微分が非常に簡単に表わせるときである. その極端な例として

$$f \circ \varphi(x_1, x_2, \cdots, x_k) = x_i, \quad (x_1, x_2, \cdots, x_k) \in U$$

という場合を考えてみよう. このとき上式左辺は 1, 右辺

の $\partial f/\partial x_m$ は, m が i と違うときは全部 0 になっている. したがって上式はこの場合

(7) $$1 = \sum_{j=1}^{k}\frac{\partial x_i}{\partial y_j}\frac{\partial y_j}{\partial x_i} \quad (i=1, 2, \cdots, k)$$

となる. 同じように

$$f \circ \varphi(x_1, x_2, \cdots, x_k) = x_h \quad (h \neq i)$$

にとってみると, 今度は上式は

(8) $$0 = \sum_{j=1}^{k}\frac{\partial x_h}{\partial y_j}\frac{\partial y_j}{\partial x_i} \quad (h \neq i)$$

となる. (7), (8) の関係は, $\varphi^{-1} \circ \varphi(x) = x$ という関係を, 微分でいい表わしたものであるが, このような関係式になれない読者は, ここでは, これらは忘れてしまってもよいのである. しかし, 多様体の議論に少し立ち入ってくれば, たとえば第5章で述べる接束と余接束との関係をよりよく理解しようとすれば, このような式を全く避けては, 話を進めるわけにはいかなくなってくる.

さて, このように微分というものを論じてくると, 何か, 開集合 U 上の可微分構造というべきものがあってもよいような気がしてくる. 近さの概念は, U の点に密着した概念だったから, 位相構造という考えは, 比較的自然に導入することができた. しかし, 微分という概念は, もともと, U の点そのものの考察から生まれたわけではなく, U 上の関数にはたらく形で現われている. 近さという概念が, 点列が近づくという形で, U の '点の場' にはたらくことに

よって，その姿を現わしているというならば，微分という概念は，U上の滑らかな関数にはたらくことによって，その姿を現わしている．

しかし，読者はここで，滑らかな関数自身，微分の概念から生まれてきたのではないかと指摘されるだろう．確かにそうである．だが，私の考えでは，数直線とか空間にまず点が存在し，それらはそれから構成されているという基本的な認識さえも，本来，近さの直観が最初にはたらかなければ，不可能だったのではなかったかと思っている．しかし，近さの直観は，私たちの先験的な時空の認識の力として，深く私たちの中にひそんでいるから，数学のなかでこの直観だけを取り出して，抽象化した形式として表現してしまえば，この形式のなかでは，点の存在と独立に，近さの概念があると考えてよくなってくる．

それにくらべて，微分は純粋に数学のなかの概念であって，すでに誕生当初から，この概念は数学のなかで表現されてきた．したがって，微分と，そのはたらく場——滑らかな関数——とは，本来分離することは不可能となっている．はたらくものと，はたらく場は，まったく同じ概念をになっている．このような自覚的な立場に立つならば，U上の**微分構造**とは，U上に，滑らかな関数の集まり$C^\infty(U)$を附与して考えることだという明確な定式化が導かれてくるだろう．それは，U上の位相構造とは，Uに（ユークリッド空間の位相から導かれた）開集合の集まりを附与する

ことと考えることと,同じ視点に立つ考えである.

このように U 上の微分構造とは,$(U, C^\infty(U))$ なる対で与えられていると考えれば,ちょうど同相写像のとき開集合を開集合に移すと考えたのと同じように,U から V への写像 φ が,引き戻しによって,$C^\infty(V)$ から $C^\infty(U)$ の上への1対1写像を導くとき,φ は U から V への微分同相写像といわなければならなくなってくるだろう.これが前に与えた微分同相写像の意味である.

2つの位相空間が同相写像で移るとき,位相空間としてまったく同じ構造をもつと考えたように,微分同相写像で移りあう $\mathbf{R}^k$ の2つの開集合は,まったく同じ微分構造をもつと考えることになる.しかし位相空間の場合と異なる点は,同じ微分構造をもっていても,微分するという演算は,同じ形で移りあっているわけではなくて,(4)′ で示されているような,変換で結ばれている形でしか移りあっていない.微分構造に注目すると,今度は微分するという演算が多様な表現をもって現われてくるのである.

私たちは,ここで,微分構造を背景にもつ,抽象的な場——多様体——を明示する時を迎えることになった.

2. 多様体の定義

X を k 次元の位相多様体とする.X の局所座標系 $\{V_\alpha, \varphi_\alpha\}_{\alpha \in A}$ を1つとっておく.前からしばしば用いたテレビ局のモニター室のたとえにしたがえば,開集合 V_α は,φ_α

によって X から $\mathbf{R}^k$ へ画像が送られ，それは，モニター室の α 番目の画面 $\varphi_\alpha(V_\alpha)$ で映されている．$\varphi_\alpha(V_\alpha)$ は $\mathbf{R}^k$ の開集合だから，$\varphi_\alpha(V_\alpha)$ の点はこの座標で表わされる．$x \in V_\alpha$ のとき，x の $\varphi_\alpha(V_\alpha)$ 上に映された点の座標を
$$(x_\alpha^1, x_\alpha^2, \cdots, x_\alpha^k)$$
と表わそう．ここでは，$\mathbf{R}^k$ の座標の番号は x の上の方につけられている．下につけられている α は，φ_α によって送られてきた画像であることを示している．その事情が十分了解されるならば，$x \in V_\alpha$ に対して，φ_α を省いて
$$x = (x_\alpha^1, x_\alpha^2, \cdots, x_\alpha^k)$$
とかいても誤解はないであろう．左辺は X の点であり，右辺は $\mathbf{R}^k$ の点だから，本物と画像を同一視するような略記法なのだが，この略記法は馴れると便利なので採用することにしよう．たとえば $x \in V_\alpha \cap V_\beta$ のときには，x が φ_α で映されるか，φ_β で映されるかにしたがって
$$x = (x_\alpha^1, x_\alpha^2, \cdots, x_\alpha^k)$$
$$x = (x_\beta^1, x_\beta^2, \cdots, x_\beta^k)$$
と2通りの表わし方がある．この2つの座標は，局所座標の変換則 $\varphi_\beta \circ \varphi_\alpha^{-1}$ によって結ばれているが，それも簡単に
(9) $\qquad x_\beta^i = x_\beta^i(x_\alpha^1, x_\alpha^2, \cdots, x_\alpha^k)$
と表わすこともある．この式は，x の β 画面に映る像の i 座標は，x の α 画面に映る像の連続関数として表わされることを示している（図84）．

さて，位相多様体 X 上では，滑らかな関数を定義するわ

図 84

Pの座標
$(x_\alpha^1, x_\alpha^2, \cdots, x_\alpha^k)$

Qの座標
$(x_\beta^1, x_\beta^2, \cdots, x_\beta^k)$

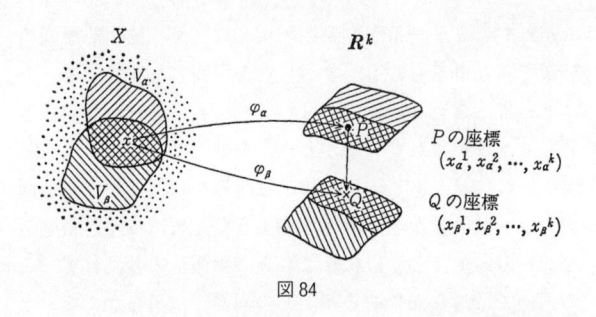

けにはいかない．なぜなら，X 上に，連続関数の中からこれが滑らかな関数 f であるという候補を指定できたとしよう．f がその候補に指定されたことは，モニターは，その画像でも確認できるはずである．実はこの場合，モニター側の立場の方がもっと強いのである．なぜなら，滑らかという性質は，もともと座標を通して語られる性質だから，座標という映像を通して f を見ているモニターの方に，はっきりとした滑らかさに対する判定条件が与えられているはずである．すなわち，少くとも映像として映されたところでは，f は何回でも偏微分可能であり，またその偏導関数はすべて連続となっていなくてはならない．モニターは，この条件に照らして，f が実際 X 上の滑らかな関数となっているかどうか調べてみようとする．

この場合，モニターの前にある画面は，理論的には無限にあるわけであって，それは局所座標近傍のとり方にもよ

るが，また一方，局所座標変換(9)によって，位相的な同相写像で移り得るものも，すべて別の画面となっている．モニターは，これらの画面のすべてに，f が滑らかな関数としてキャッチされているかどうかを調べはじめる．ところが，一般には，ある画面では f は滑らかであるが，ある画面では f は微分が全然できないような，角ばった連続関数となっていて，おまけに，これらの画面は入り乱れて，この画面では滑らかであるが，あの画面では滑らかでないという状況が無規則に生じている．

モニターは，結局，定数関数だけは，どこでも定数だったから滑らかといってよいようであるが，ほかの候補については，滑らかという判定は下せないというだろう．

モニターはなぜそうなったかわからないとしても，私たちは，このようになった事情はすでに知っている．なぜなら，前節で示したように，X 上の関数 f が与えられたとき，$\varphi_\alpha(U_\alpha)$ 上で $f \circ \varphi_\alpha^{-1}$ が滑らかであるとしても（上記の略記法では，$f(x_\alpha^1, x_\alpha^2, \cdots, x_\alpha^k)$ が滑らかであったとしても），φ_β で $\boldsymbol{R}^k$ へ移したときには，U_α, U_β の重なり目 $U_\alpha \cap U_\beta$ では，$f \circ \varphi_\beta^{-1}$ は（前の略記法では $f(x_\beta^1, x_\beta^2, \cdots, x_\beta^k)$ は），一般には滑らかにはならないのである．それは，局所座標の変換則(9)として，位相的な同相写像すべてを許してしまったからである．前節に得られた結果にしたがえば，$\varphi_\alpha(U_\alpha)$ 上で滑らかな関数を，重なり目 $U_\alpha \cap U_\beta$ 上で $\varphi_\beta(U_\beta)$ へ移したとき，また滑らかな関数として常に表わさ

れる必要かつ十分な条件は,局所座標変換

(10) $\varphi_\beta \circ \varphi_\alpha^{-1} : \varphi_\alpha(U_\alpha \cap U_\beta) \longrightarrow \varphi_\beta(U_\alpha \cap U_\beta)$

が,微分同相写像のときに限られていたのである.

局所座標変換を,微分同相写像だけではなくて,位相的な同相写像まですべて許していたということは,位相多様体上では,φ_α の映像から φ_β の映像へと移るとき,一般には,$\varphi_\alpha(U_\alpha)$ のもつ微分構造を完全に崩しさって移していたことを意味している.同様に $\varphi_\beta(U_\beta)$ のもつ微分構造は,φ_α へ移せば,一般には完全に意味を失っている.

このことは,端的にいえば,位相多様体上では,局所座標系のとり方を任意にしている限り,微分構造を考えることができないことを示している.

1つの位相空間と見なした位相多様体上に,微分構造を導入しようと思えば,局所座標系のとり方を制限しなくてはならなくなる.すなわち,上の説明からもわかるように,局所座標変換(10)が,$\varphi_\alpha(U_\alpha \cap U_\beta)$ から $\varphi_\beta(U_\alpha \cap U_\beta)$ への微分同相写像となっているものだけをとれば,$\varphi_\alpha(U_\alpha)$ のもつ微分構造は,映像の重なっている場所で,別の φ_β で見ても,$\varphi_\beta(U_\beta)$ 上の微分構造として映されてくるだろう.

局所座標変換を,微分同相写像に限るということは,モニター室のたとえでいえば,いままであった画面の多くを捨ててしまうということである.そのかわりに,相互に重なり目で滑らかに映し合う画面だけをモニター用として採用することにする.そうすると,モニターは,X から局所

座標写像によって送られてくる映像を見ながら，それぞれの画面に，いままで（連続性の範囲では）現われなかった共通の性質が現われてくるのを感取するだろう．それは滑らかな性質である．モニターは，この各画面に共通なものとして現われた性質を，局所座標変換によって画像をつなぎ合わせ，X 上の像として再現すれば，きっとそこには，X の微分構造ともいうべきものが，浮かび上ってくるに違いないと考えるだろう．

ここで，モニター室の多くの画面の中から，相互に重なりあっている場所では滑らかに映しあっているような画面だけを選んで取り出していくとき，X の像全体を映すに足るだけの，この性質をもつ十分多くの画面を選び出せるのだろうかという疑問が生ずる．この疑問は次のように述べられる．モニターは，'重なり目で，滑らかに映しあっているものは残し，そうでないものは捨てる' という要請のもとで，次から次へと画面を整理していくとする．このやり方は，もちろん一通りとは限らないだろう．だが，なるべく多くの画面が残るように，この要請にしたがいながら，上手に画面を選び出していったつもりでも，結局最後に残った画面を見ると，これらの画面だけでは X の全体像はキャッチされていない，すなわちその意味で，この要請をみたそうとする限り，モニター室の画面は必ず不足してしまうというようなことがあるのだろうか．

この疑問はまた，モニター室のたとえを離れていえば，

次のようにもいい表わされる．位相多様体上のどのような局所座標系を選んでみても，その局所座標系に関する，すべての局所座標変換(10)が微分同相であるという性質を，同時にもたすわけにはいかないというようなことがあるのだろうか．

この問題は実は非常に難かしい問題であった．難かしい1つの理由は，私たちが現実に眼に見える範囲，すなわち，1次元，2次元，3次元の位相多様体では，つねにこの性質をもつ局所座標系がとれることが知られているからである．しかし，1960年代の初頭に明らかにされたことであるが，8次元以上の場合には，上の疑問が現実に起きるような位相多様体，すなわち，微分同相写像で移りあう局所座標系が決して存在しない位相多様体が存在するのである．

したがって，任意の位相多様体には，このような都合のよい局所座標系が存在するとは限らないことが判明しているのであるが，このような局所座標系が選べることは，位相多様体に関する条件であると考えて，次の定義をおく．

定義 位相多様体 X の1つの局所座標系 $\{V_\alpha, \varphi_\alpha\}_{\alpha \in A}$ は，$V_\alpha \cap V_\beta \neq \emptyset$ のとき，局所座標変換

$$\varphi_\beta \circ \varphi_\alpha^{-1} : \varphi_\alpha(V_\alpha \cap V_\beta) \longrightarrow \varphi_\beta(V_\alpha \cap V_\beta)$$

が必ず微分同相写像となっているという性質をもつとき，**可微分局所座標系**という．

可微分局所座標系の与えられた位相多様体を，**滑らかな**

多様体，または**可微分多様体**という．

 滑らかな多様体上の局所座標系とは，その定義のなかで与えられた可微分局所座標系のことであるとする．

 前の説明からわかるように，可微分多様体 X 上では，滑らかな関数を定義することができる．それは，局所座標系を用いて，$x \in V_\alpha$ を $x = (x_\alpha{}^1, x_\alpha{}^2, \cdots, x_\alpha{}^k)$ と表わしたとき，$f(x_\alpha{}^1, x_\alpha{}^2, \cdots, x_\alpha{}^k) \in C^\infty(\varphi_\alpha(V_\alpha))$ が成り立つときであると定義するとよい．今度は，この定義は局所座標系のとり方によらないことは，$V_\alpha \cap V_\beta \neq \emptyset$ のときには，局所座標変換 $\varphi_\beta \circ \varphi_\alpha{}^{-1}$ が，'画面' $\varphi_\alpha(V_\alpha)$ 上に映されている開集合 $\varphi_\alpha(V_\alpha \cap V_\beta)$ 上の滑らかな関数を，'画面' $\varphi_\beta(V_\beta)$ に映されている開集合 $\varphi_\beta(V_\alpha \cap V_\beta)$ 上の滑らかな関数に，そっくりそのまま移していることからわかる．X 上の滑らかな関数全体の集まりを，$C^\infty(X)$ で表わす．

 しかし，滑らかな多様体を語るとき，上の定義に与えた1つの局所座標系だけをとって考察をそれに限ってしまうことは適当でないし，またそれでは私たちが求めているような場にもなってくれないのである．その事情を説明するために，最も簡単な場合として，X として座標平面をとってみよう．このときは，X には全体にわたって1つの座標が入っているから，X 全体を1つの局所座標近傍（実際は，'局所'ではないのだが）と考えてよいことになる．したがって X は当然滑らかな多様体となる．モニター室に

は，この場合ただ１つの画面しかない．モニターがこの１つの画面だけから X を判断することになれば，直線も，直線の長さも，また２つの三角形が合同ということも，すべて X の固有の性質と見なすことになるだろう．

しかし私たちの求めているのは，平面の中に深く隠されている'滑らかな性質'だけである．すなわち，平面から平面への微分同相写像によって変わらない性質だけを知りたいのである．微分同相写像によって直線は曲げられ，長さは伸ばされ，２つの三角形の一方を歪めたりすることもできるから，ただ１つの画面から，モニターが平面上の固有の性質として上に見たものは，'滑らかな性質'という観点に立てば，すべて平面上の固有な滑らかな性質とはいえないものになっている．

実際のところ，モニターが，局所座標写像からくる画面の映像を眺めながら，それらの共通に見出される性質として，X に固有な滑らかな性質を抽出していくためには，画面が不足していたのである．少くともふつうの直交座標から微分同相写像で移して得られるような座標系は，すべて座標系として採用しておかなくてはならない．このように画面をたくさんとっておくと，共通に映し出される性質として'滑らかな性質'が浮かび上ってくることになっただろう．すなわち，モニターが見ることを許される画面の多さによって，映像から搾り出されてくる性質が異なってくるのである．

私たちの場合は、どういう性質をもつことが望ましいかはわかっている。したがって、逆に画面の選択は必然的に決まってくるのである。これが次の定義の意味である。

定義 位相多様体上の2つの可微分局所座標系 $\{V_\alpha, \varphi_\alpha\}_{\alpha \in A}$ と $\{V_\beta, \psi_\beta\}_{\beta \in B}$ が、$V_\alpha \cap U_\beta \neq \emptyset$ のとき、つねに写像
$$\psi_\beta \circ \varphi_\alpha^{-1} : \varphi_\alpha(V_\alpha \cap V_\beta) \longrightarrow \psi_\beta(V_\alpha \cap V_\beta)$$
が微分同相写像となるとき、**同値**であるという。

すなわち、重なり目で、相互に'滑らかに'映しあっている局所座標系は、同値であるというのである。

滑らかな多様体 X 上で、与えられた局所座標系に同値な可微分座標系は、すべて区別しないで同等に取り扱う。したがってこれらの局所座標系もまた、X の局所座標系という。

位相空間のもつ位相構造とは、第2章ではっきり定義しなかったが、強いていえば、位相空間 X と、その位相を定義する開集合の集まり $\mathcal{O}$ との対 $(X, \mathcal{O})$ を X の位相構造というべきだろう。同じ立場に立って、ここで次の定義を与えよう。

定義 滑らかな多様体 X と、その上に定義された同値な X の（可微分）局所座標系全体との対を、X の**微分構造**という。

そして、同値な局所座標系のどれをとってみても、共通

な性質として表わされるものを，X の**滑らかな性質**という．

　滑らかな多様体は，位相多様体から，このようにして，局所座標系のとり方を制限することによって得られたから，確かにその意味では，位相多様体と同じレベルにある抽象的な場であるといってよいのだろう．

　しかし実際の状況はもっと深いようである．位相多様体は，本来の属性としては '近さ' だけをもつものであり，それは位相空間の性質として，位相空間の枠の中で完全に記述できるものである．位相多様体の場合に，局所座標を用いていろいろな性質を表現してみることは，この近さの性質をよりよく記述するための手段にすぎない．位相多様体の本性は，局所座標という表現のなかにはなく，近さという性質のなかにあり，それは抽象数学の世界のなかでしっかりと把握されている．

　それに反して，滑らかな多様体の場合には，その固有の性質である '滑らかさ' は，局所座標を通してはじめて得られている．滑らかな多様体の本体は，局所座標を切り離しては考えることができない．座標表現という立場を完全に捨ててしまえば，滑らかな多様体は，滑らかであるという固有の性質を失って，単なる位相多様体に化してしまうだろう．もし，座標表現の方に意味があるという考えをとれば，滑らかな多様体は，今度は，その表現を与える媒介のようなものに見なされてくるだろう．

滑らかな多様体は，表現することによってはじめて姿を現わす，不思議な場である．このような視点に立てば，あるいは，滑らかな多様体の存在する世界は，20世紀前半に展開した抽象数学の世界ではなくて，新たな表現の世界であるといった方が適切なのかもしれない．この観点は，これから徐々に深めていくつもりであるが，いずれにせよ，そこに，滑らかな多様体が，現代数学のはたらく場として，深さと拡がりをもつに至った1つの理由があるのではないかと，私は思っている．

Xをk次元の滑らかな多様体，Yをl次元の滑らかな多様体とする．XからYへの連続な写像Φが滑らかであることは次のように定義すればよいだろう．Xの点xが，Yの点yへとΦによって移されたとする．そのとき，XとYの局所座標系を1つとっておいて，xを含む局所座標を(V, φ), yを含む局所座標を(W, ψ)とする．xの近くでXの点の動く模様は，φによって$\varphi(V)$上の画面で捕えられ，その点がΦで移されてWに入っていく模様は，今度は$\psi(W)$上の画面で捕えられている．したがって，Xに対応するモニター室で1つの画面上を動く点が，別室のYに対応するモニター室の画面で再現されることになる．この対応が滑らかのとき，もともとの写像Φを滑らかであると定義するとよい．すなわち，座標写像φ, ψを用いて，

$$\varphi(x) = (x^1, x^2, \cdots, x^k)$$
$$\psi(y) = (y^1, y^2, \cdots, y^l)$$

とおくと，$y=\Phi(x)$ の関係は，

$$y^1 = \Phi^1(x^1, x^2, \cdots, x^k), \quad \cdots, \quad y^l = \Phi^l(x^1, x^2, \cdots, x^k)$$

と表わされるが，これらが滑らかな関数のとき，Φ を**滑らかな写像**と定義するのである．この定義は，もちろん，映し出される画面の選び方，すなわち局所座標のとり方によらないから，X から Y への写像が滑らかであるというこの定義は，X から Y への写像に関する性質として意味をもってくるのである．

特に，Φ が X から Y の上への1対1の滑らかな写像であって，逆写像 Φ^{-1} が Y から X の上への滑らかな写像にもなっているとき，Φ は X から Y への**微分同相写像**であるという．（このとき，X の次元が k 次元ならば，Y の次元も k 次元になる．）X から Y への微分同相写像が存在するとき，X と Y は**微分同相**であるという．

この形式的な形で述べられた定義の意味するところを，もう少し探ってみよう．X と Y が，微分同相写像 Φ によって微分同相になっているとする．X に1つの局所座標系 $\{V_\alpha, \varphi_\alpha\}_{\alpha \in A}$ が与えられたとしよう．滑らかな写像は必ず連続写像になっていることに注意すると，仮定から，Φ は X から Y への同相写像である．したがってまず，X の開集合 $V_\alpha (\alpha \in A)$ による被覆は，Φ によって移すと，Y の開被覆となっている．すなわち $W_\alpha = \Phi(V_\alpha)$ とおくと，W_α は Y の開集合であって，$Y = \bigcup_{\alpha \in A} W_\alpha$ である．次に，V_α から $\boldsymbol{R}^k$ のある開集合の上への同相写像 φ_α に対して，$\psi_\alpha =$

$\varphi_\alpha \circ \Phi^{-1}$ とおくと,Φ^{-1} と φ_α が同相写像のことから,ψ_α も W_α から $\boldsymbol{R}^k$ のある開集合(実際は $\varphi_\alpha(V_\alpha)$!)の上への同相写像を与えていることがわかる.また,$V_\alpha \cap V_\beta \neq \emptyset$ とすると,Φ によって,この重なり目は W_α と W_β の重なり目に移され,そこで局所座標変換は

$$\begin{aligned}\psi_\beta \circ \psi_\alpha^{-1} &= (\varphi_\beta \circ \Phi^{-1}) \circ (\varphi_\alpha \circ \Phi^{-1})^{-1} \\ &= \varphi_\beta \circ \Phi^{-1} \circ (\Phi^{-1})^{-1} \circ \varphi_\alpha^{-1} \\ &= \varphi_\beta \circ \Phi^{-1} \circ \Phi \circ \varphi_\alpha^{-1} \\ &= \varphi_\beta \circ \varphi_\alpha^{-1}\end{aligned}$$

と表わされる.結局これらのことから,$\{W_\alpha, \psi_\alpha\}_{\alpha \in A}$ は,Y の1つの可微分局所座標系を与えていることがわかる.この可微分局所座標系は,Φ が微分同相写像であったから,Y のもともとの局所座標系と同値であって,したがって $\{W_\alpha, \psi_\alpha\}_{\alpha \in A}$ 自身,Y の局所座標系となっている.いま述べた関係は,図 85 で見た方がずっとわかりやすい.

図 85 で見てもわかるように,座標写像で映し出された映像を見ている限り,この映像は,φ_α で送られてきたものか,ψ_α で送られてきたものか,区別がつかない.いまの議論では,X の1つの局所座標系に対して,Y の1つの局所座標系が決まることを示したのであるが,この関係は相互的だから,Y の1つの局所座標系に対しても,X の1つの局所座標系が決まることにもなっている.すなわち,X の局所座標系と,Y の局所座標系とは1対1の対応がつき,この対応で互いに移りあう局所座標系は,$\boldsymbol{R}^k$ の中におか

図85

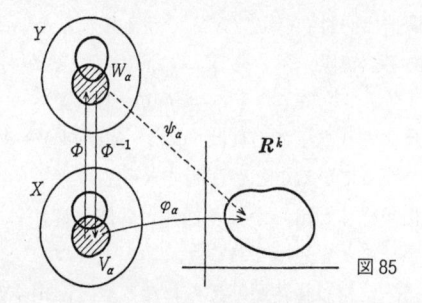

れた画面で送られてきた映像を見ている限り，全く区別のつかないものになっている．

したがって，座標写像を通して調べるという立場に立つ以上，XとYとは全く共通な性質をもっているというべきであり，XとYを区別する本質的な理由が見当らないことになる．これが，XとYの間に微分同相写像が存在するという意味である．

同様のことは，すでに位相多様体の場合にも述べておいたが，滑らかな多様体の固有な性質は，すべて局所座標写像を通して得られることを考えると，いま述べたことは，位相多様体の場合よりももっと強い意味で，滑らかな多様体では，形状という概念が消えていき，その上にある固有の性質だけが残されてくるといってよいだろう．

前節で，$\boldsymbol{R}^k$の開集合Uの微分構造は，対$(U, C^\infty(U))$で与えられるといったが，同じように，滑らかな多様体の

微分構造は，対 $(X, C^\infty(X))$ で与えられるといってもよいのである．実際，X から Y への同相写像 Φ があって，

$$f \in C^\infty(Y) \iff f \circ \Phi \in C^\infty(X)$$

がつねに成り立っていれば，Φ は，X から Y への微分同相写像となっていることが証明できる．

位相多様体と滑らかな多様体との関係について，もう1つ重要なことを述べておこう．

前に，位相多様体が与えられたとき，位相多様体としての局所座標系の中から，相互に滑らかに移りあう局所座標系を取り出すことができるならば，それによって可微分局所座標系が1つ決まり，それによってまた，滑らかな多様体が1つ決まってくることを述べた．すなわち，モニター室の画面が整理され，残った画面の中から滑らかな性質が浮かび上ってくるのである．ところが，モニター室の画面をこのように整理する方法は，この1通りとは限らないだろう．いまの取り方とは全く独立に，相互に滑らかに移りあうという条件のもとで，画面の整理を再度はじめたら，一般には，整理され，残された画面は，前のものとは全く別種のものとなってくるだろう．いわば，2つのモニター室が新しく出来上る．さて，一方のモニター室の画面に滑らかに映し出されてきた性質は，対応する形でもう一方のモニター室の画面にも，滑らかに映し出されてくるだろうか．

もし，2つのモニター室において，滑らかに映し出され

2. 多様体の定義

ている性質が，相互に全く対応しなくなるということが生じたとすると，これは一体どういうことなのだろうか．

このことは，1つの位相多様体 X から，可微分局所座標系を2つ選んできて，それらの定義する滑らかな多様体を X^{I} と X^{II} とするとき，X^{I} と X^{II} は微分同相ではないということである．この状況は，モニター室とは別のたとえでいえば，次のようになる．

位相多様体 X という国から，'滑らかさ' という新しい性質を賦与されて，2つの国 X^{I} と X^{II} が生まれてきた．X^{I} と X^{II} のそれぞれの国は，'近さ' という母国語以外に，'滑らかさ' という言語ももっている．しかし，'滑らかさ' という言語に関する限り，X^{I} の国と X^{II} の国の間で，適当な対応でも通用する言葉はまったくなくなってしまうことを意味している．滑らかさに関する限り，X^{I} と X^{II} はまったく異なる宇宙にいるようなものである．X^{I} の国と X^{II} の国とで共通に語りあえるのはもともとの母国語であった，近さに関するものだけである．

位相多様体という母胎は，いま述べたような，全然異なった宇宙にいるような，いくつもの滑らかな多様体を生む力はあるのだろうか．

もう少し数学的に表現すれば，与えられた位相多様体上に，本質的に異なる微分構造が，いくつ入り得るかということになるだろう．

まず思うことは，位相多様体上に微分構造が入るとして

も，それは本質的にはただ1つではなかろうかということである．次に，たとえいくつかの微分構造をもつものがあったとしても，そのような位相多様体は，非常に複雑なものか，あるいは，非常に病的なものではなかろうかと考える．

ところが，1956年に，アメリカの数学者ミルナーが驚くべきことを発見した．それによると，位相多様体としては，7次元の球面と同相なものの上に，ふつうの微分構造とはまったく異なる微分構造が存在していたのである．

すでに，第1章で3次元球面について述べておいたから，7次元球面といっても読者は用心深くなっているかもしれない．とはいっても，球面は，多様体の中では最もかんたんなものである．その上に，ごく自然なもの以外に，なお別の微分構造が入り得ることがあるなどということは，考え難いことである．標準的な7次元球面は，$\boldsymbol{R}^8$ の中に
$$x_1^2+x_2^2+\cdots+x_8^2=1$$
として表わされる'滑らかな曲面'として実現されている．しかし7次元球面上に入るもう1つの微分構造は，このような意味では，$\boldsymbol{R}^8$ の中の'滑らかな曲面'としては決して実現されないのであって，そのように実現できるのは，$\boldsymbol{R}^9$ の中においてである．（いま述べたことは，4節でうめこみという概念を導入するまでは，多少はっきりしないことかもしれない．）

この発見から少し後になって，7次元球面 S^7（位相多様

体として！）の上には，実は，ちょうど28個の異なる微分構造があることが判明した．ミルナーによるこの発見は，微分位相幾何学という研究分野を現代数学の中に確立する契機を与えることになった．'近さ'と'滑らかさ'は，本質的に違うのである．

微分位相幾何学の主要な関心は，滑らかな多様体のもつ'近さ'に関する母国語と，新しく獲得した'滑らかさ'に関する言葉とが，互いにどのように関係し合っているのかを調べることである．この2つの言語は，異なっているとはいえ，互いに密接に相関し合っているはずである．たとえば，位相多様体 S^7 に28個の異なる微分構造が入るということは，まず7次元の球面という位相的な構造からの結論である．次に，これら28個の微分構造をもつ滑らかな多様体の1つ1つは，どのような未知の世界を，私たちに提示してくるのかということを調べる手がかりも，また位相多様体 S^7 の中にひそんでいるはずである．

多様体という場の導入によって，'近さ'と'滑らかさ'との関係は，全く新しい局面を迎えたのである．近さと滑らかさの本質的な違いは，本来，1点における'深さ'を測るというところから生じてきたのであるが，多様体上で考えれば，この1点の近くにおける，'近さ'と'滑らかさ'の本質的な違いは，多様体全体における大域的様相の中にどのように現われてくるかということになってくるだろう．問題を孕む世界は，多様体という場を媒介として，はるか

に拡大されたのである．近さと滑らかさの相関を調べていく過程で，多様体は，互いに関係しあいながら，また相反しあう2つの世界像——近さと滑らかさ——のなかで，しだいにそのもつ姿を明らかにしていくことになるだろう．

読者の関心を惹くことと思われるので，k 次元球面 S^k 上に，S^7 の場合に述べたと同じ意味で，どれだけ異なる微分構造をもつか，表にしてかいてみよう．

k	1	2	3	4	5	6	7	8	9	10	11
S^k に入る異なる微分構造の個数	1	1	1	1	1	1	28	2	8	6	992

12	13	14	15	16	17	18
1	3	2	16256	2	16	16

これを見ても，次元によって，球面は全く異なる微分構造をもっていることがわかるだろう．

多様体は，単に数学のいろいろな対象を含むという意味で多様なだけではない．多様体の概念は数学に深く根ざしているから，その上に現われる種々の性質の相互関係が，また多様な姿をとってくるのである．たとえば，このように，'近さ'と'滑らかさ'のかかわり合いの中に隠された深みから，予想もしなかった形で，次元という空間固有の量が，個性をもって登場してくることになる．

さらに，S^k に導入される微分構造の個数を詳しく調べれば，一般には，k が $4s-1$ の形をしているとき，S^k に異様

に多くの微分構造が入ることが知られているのであるが（上の場合 $k=7, 11, 15$ のとき），どうして，4 で割ると 3 余るというような k の数論的な性質が，次元という，いわば私たちの先験的な空間認識のなかに賦与されていると思われる幾何的量に，反映してくるのであろうか．これは私たちの幾何学的直観の達し得ない，はるか彼方の世界のことなのであろう．だがこのようにして，しだいに深まりゆく数学の世界は，私たちを，ますます離れ難い力で，多様体上で展開する数学へと誘っていくようである．

3. 多様体の例

多様体は，現代数学の諸分野において，ごく自然に，いろいろな形となって，自らを場として提示していくのであるが，ここでは，いくつかのごく基本的な例を挙げよう．

なお，これからは，位相多様体と滑らかな多様体を本質的に対比することもあまりないので，

多様体というときには，滑らかな多様体を指す

ことにしよう．

（Ⅰ） k 次元ユークリッド空間 $\boldsymbol{R}^k$ は，空間全体が 1 つの座標で蔽われているので，多様体の構造がはいる．しかし $\boldsymbol{R}^k$ を多様体と考えるときには，ふつうの座標と，それと同値な可微分局所座標系は，すべて同じ意味をもつものとして考えることになる．たとえば，平面 $\boldsymbol{R}^2$ では，図 86 で示したような座標は，多様体と考えたときにはすべて同

図86

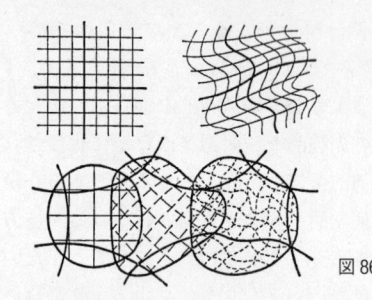

値である.

（Ⅱ） k 次元球面 S^k, すなわち, $\boldsymbol{R}^{k+1}$ の中で
$$x_1^2 + x_2^2 + \cdots + x_{k+1}^2 = 1$$
をみたす点 $x=(x_1, x_2, \cdots, x_{k+1})$ の全体からなる $\boldsymbol{R}^{k+1}$ の部分空間は, 自然な形での多様体の構造をもつ.

それをみるには, 直観的には, 球面は北半球と南半球で（赤道面で重なりあうように少し拡げておけば）蔽うことができ, それぞれは $\boldsymbol{R}^k$ に同相だから, あとは, この座標変換が滑らかであることさえ確かめればよいことになる. 本質的には同じことであるが, 実際は, 座標変換が滑らかとなっていることをみるには, 次のような局所座標系をとった方が便利である.

各 $n=1, 2, \cdots, k+1$ に対して
$$V_n^+ = \{x=(x_1, x_2, \cdots, x_{k+1}) | x \in S^k, x_n > 0\}$$
$$V_n^- = \{x=(x_1, x_2, \cdots, x_{k+1}) | x \in S^k, x_n < 0\}$$

とおく．V_n^+, V_n^- ($n=1, 2, \cdots, k+1$) は S^k の開集合であって，どんな点 $x=(x_1, x_2, \cdots, x_{k+1})\in S^k$ をとっても $x_1^2+x_2^2+\cdots+x_{k+1}^2=1$ だから，少くとも1つの座標の番号 n があって $x_n\neq 0$ となっている．したがって $x\in V_n^+\cup V_n^-$．このことは，$\{V_n^+, V_n^-|n=1, 2, \cdots, k+1\}$ が S^k の開被覆をつくっていることを示している（図87）．

V_n^+, V_n^- から $\boldsymbol{R}^k$ への連続写像 φ_n^+, φ_n^- を次式で与えよう：

$$\varphi_n^+(x_1, x_2, \cdots, x_{k+1}) = (x_1, \cdots, x_{n-1}, x_{n+1}, \cdots, x_{k+1})$$
$$\varphi_n^-(x_1, x_2, \cdots, x_{k+1}) = (x_1, \cdots, x_{n-1}, x_{n+1}, \cdots, x_{k+1}).$$

（図87では，切口を与えている座標平面への正射影となっている．）φ_n^+, φ_n^- による S^k の像は

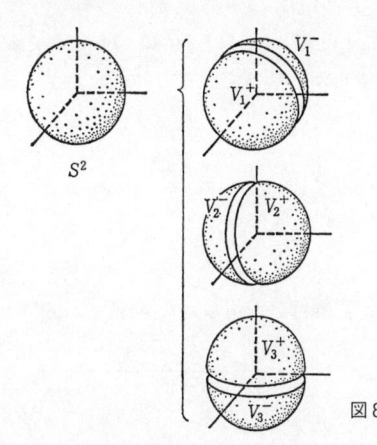

図87

$$O_n = \{(x_1, \cdots, x_{n-1}, x_{n+1}, \cdots, x_{k+1}) \mid x_1^2 + \cdots + x_{n-1}^2$$
$$+ x_{n+1}^2 + \cdots + x_{k+1}^2 < 1\}$$

となり, $\boldsymbol{R}^k$ の開集合である. φ_n^+, φ_n^- は, S^k から O_n の上への同相写像である. なぜなら, φ_n^+, φ_n^- の逆写像は, それぞれ

$$(x_1, \cdots, x_{n-1}, x_{n+1}, \cdots, x_{k+1}) \longrightarrow (x_1, \cdots, x_{n-1}, y_n^+, x_{n+1}, \cdots, x_{k+1})$$
$$(x_1, \cdots, x_{n-1}, x_{n+1}, \cdots, x_{k+1}) \longrightarrow (x_1, \cdots, x_{n-1}, y_n^-, x_{n+1}, \cdots, x_{k+1})$$

で与えられるからである；ここで

$$y_n^+ = \sqrt{1-(x_1^2 + \cdots + x_{n-1}^2 + x_{n+1}^2 + \cdots + x_{k+1}^2)}$$
$$y_n^- = -\sqrt{1-(x_1^2 + \cdots + x_{n-1}^2 + x_{n+1}^2 + \cdots + x_{k+1}^2)}$$

とおいてある. したがって $\{(V_n^+, \varphi_n^+), (V_n^-, \varphi_n^-) \mid n=1, 2, \cdots, k+1\}$ は S^k の1つの（位相多様体としての）局所座標系を与えている.

次に, たとえば, $V_1^+ \cap V_2^+ \neq \emptyset$ のところで, 実際局所座標変換が滑らかとなっていることをみよう. $x \in V_1^+ \cap V_2^+$ とする.

$$\begin{array}{c} x \xrightarrow{\varphi_1^+} (x_2, x_3, \cdots, x_{k+1}) \\ {\varphi_2^+}\searrow \qquad \downarrow \\ \qquad (x_1, x_3, \cdots, x_{k+1}) \end{array}$$

とおくと, 点線部分が滑らかな写像となっていることをみるとよい. ところが

$$x_1 = \sqrt{1-(x_2^2 + x_3^2 + \cdots + x_{k+1}^2)}$$
$$x_3 = x_3$$

$$\vdots$$
$$x_{k+1} = x_{k+1}$$

（左辺が $\varphi_2{}^+$ による座標，右辺が $\varphi_1{}^+$ による座標）であって，$V_1{}^+ \cap V_2{}^+$ 上 で は $x_1 \neq 0$ だから，$1-(x_2{}^2+x_3{}^2+\cdots+x_{k+1}{}^2) \neq 0$；したがって，上の第1式は，$x$ の近くで滑らかである．ほかの成分は，恒等写像で移っているから，もちろん滑らかであって，これで，局所座標変換が滑らかであることが示された．

（III） S^k の点で，原点に関して互いに対称な場所にある2点（対蹠点）

$$(x_1, x_2, \cdots, x_{k+1}) \quad \text{と} \quad (-x_1, -x_2, \cdots, -x_{k+1})$$

を同一視して得られる空間を，k 次元の**射影空間**という．射影空間も多様体となる．それをみるために，一般の場合も同様なので，2次元の射影空間を考えることにしよう．2次元の射影空間の意味はわかりやすい．3次元ユークリッド空間 $\boldsymbol{R}^3$ の原点を通る直線は，球面 S^2 と2点で交わる．この2点はちょうど対蹠点となっている．逆に，S^2 上の互いに対蹠点となっている2点を与えると，それによって $\boldsymbol{R}^3$ の原点を通る直線が決まる．したがって，2次元射影空間は，$\boldsymbol{R}^3$ の原点を通る直線の集まりと考えることができる．1つの直線が与えられたとき，その直線の近傍とは，その近くを通る直線の集まりとして，直観的に位相を導入しておくと，この位相は，すぐわかるように，射影空間に，ハウスドルフ空間となるような位相を与えている．

球面上の 2 点 $x=(x_1, x_2, x_3)$, $y=(y_1, y_2, y_3)$ の座標の比
$$x_1 : x_2 : x_3 \text{ と } y_1 : y_2 : y_3$$
が等しかったとすると,適当な定数 $\alpha (\neq 0)$ があって,
$$y_1 = \alpha x_1, \quad y_2 = \alpha x_2, \quad y_3 = \alpha x_3$$
となるが,$x_1{}^2+x_2{}^2+x_3{}^2=y_1{}^2+y_2{}^2+y_3{}^2=1$ の関係を用いると $\alpha=\pm 1$ となる.すなわち,球面上の異なる 2 点で座標の比が等しいものは,ちょうど対蹠点となっている.したがって,2 次元射影空間の点は,球面上の点 $x=(x_1, x_2, x_3)$ の座標の比 $x_1 : x_2 : x_3$ で与えられていると考えてもよい.2 次元射影空間の,局所座標近傍 U_i ($i=1, 2, 3$),および局所座標写像 φ_i ($i=1, 2, 3$) を次のようにとってみる:

$$U_1 = \{(x_1 : x_2 : x_3) | x_1 \neq 0\} \xrightarrow{\varphi_1} \left(\frac{x_2}{x_1}, \frac{x_3}{x_1}\right)$$

$$U_2 = \{(x_1 : x_2 : x_3) | x_2 \neq 0\} \xrightarrow{\varphi_2} \left(\frac{x_1}{x_2}, \frac{x_3}{x_2}\right)$$

$$U_3 = \{(x_1 : x_2 : x_3) | x_3 \neq 0\} \xrightarrow{\varphi_3} \left(\frac{x_1}{x_3}, \frac{x_2}{x_3}\right).$$

開集合 U_i ($i=1, 2, 3$) が開被覆を与えていることは容易にわかるが,局所座標変換は,たとえば $U_1 \cap U_2 \neq \emptyset$ のところでは,写像

$$\varphi_2 \circ \varphi_1{}^{-1} : \left(\frac{x_2}{x_1}, \frac{x_3}{x_1}\right) \longrightarrow \left(\frac{x_1}{x_2}, \frac{x_3}{x_2}\right)$$

で与えられている.この左辺の座標を改めて (y_1, y_2),右辺の座標を改めて (z_1, z_2) とすると,この写像は

$$z_1 = \frac{1}{y_1}, \quad z_2 = \frac{y_2}{y_1}$$

と表わされる．$U_1 \cap U_2$ 上で $y_1 \neq 0$ のことに注意すると，z_1, z_2 は，y_1, y_2 の滑らかな関数となっていることがわかる．したがって，局所座標変換は滑らかである．

これで2次元射影空間には多様体の構造がはいることがわかった．

2次元射影空間は，また次のものと考えてもよい．$\boldsymbol{R}^3$ の原点を通る直線は，S^2 の北半球を横切る点で一意的に決まる．ただし，この場合，赤道を横切る直線は，赤道と2点（互いに原点に関し対称な位置にある2点）で交わる．したがって，2次元射影空間は，北半球で，赤道面にある原点（中心！）に関して対称な2点を同一視して得られた空間となっている．そのように見なすと，2次元射影空間は，図88からも明らかなように，正方形の対辺を逆向きに同一視して貼り合わせて得られるとも考えられる．貼り合わすといっても，実際は，その出来上った形は，3次元の中では実現されないのであるが――．

(Ⅳ) 射影空間を一般にしたものとして，$\boldsymbol{R}^k$ の原点を通る r 次元の平面全体を考え，そこに多様体の構造を導入したものがある．この多様体を $G(k, r)$ と書いて，**グラスマン多様体**という．原点を通る直線は1次元の'平面'と思っているから，$G(k, 1)$ は，$k-1$ 次元の射影空間のことである．

図88

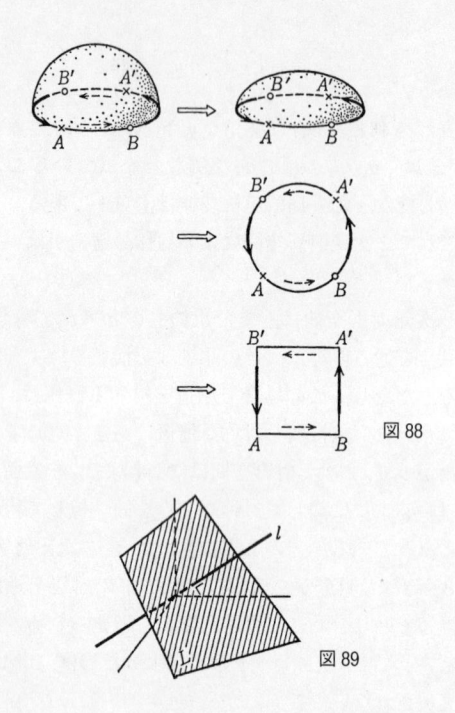

図89

　たとえば，$\boldsymbol{R}^3$の中で原点を通る1本の直線lを与えると，原点を通ってlに垂直な平面Lが1つ決まる．逆に原点を通る平面Lを与えると，原点を通りLに垂直な直線lが1本決まる．したがって，lにLを対応させる対応は1対1である（図89）．lの全体は2次元射影空間をつくっているから，この対応で，$\boldsymbol{R}^3$の中の原点を通る2次元平

面 L 全体のつくるグラスマン多様体 $G(3, 2)$ は，2次元射影空間と同一視してよくなってくる．この対応は，実際，多様体として，微分同相写像となっていることが示される．

この事実をみると，平面の集まりに多様体の構造が入るということも，あまり不自然な感を与えなくなってくるだろう．また一方，$G(3, 2)$ は，2次元射影空間の別の表示も与えていることもわかり，このことから，多様体の幾何学的表示にも，十分の多様性があることが察知されるだろう．

それでは，グラスマン多様体 $G(k, r)$ に，どのようにして多様体の構造を導入するのだろうか．この大体の考え方は次のようである．$\boldsymbol{R}^k$ の中の原点を通る r 次元の平面のなかで，一番典型的なものは

$$L_0 = \{x | x = (x_1, x_2, \cdots, x_r, 0, \cdots, 0)\}$$

である．すなわち，L_0 は，最初の r 個の座標軸で張られる座標平面である．この平面 L_0 が，原点をとめたまま，羽ばたくように動く様子を想像しよう．L_0 の $G(k, r)$ の中での近傍は，そのような，任意の方向への，しかし少ししか変動しない羽ばたきで得られる平面からなっている．

平面 L_0 を張る r 個の枠組（基底！）

$$e_1 = (1, 0, 0, \cdots, 0), \quad e_2 = (0, 1, 0, \cdots, 0), \quad \cdots,$$
$$e_r = (0, \cdots, 0, 1, 0, \cdots, 0)$$

は，この羽ばたきにしたがって，やはり羽ばたきをはじめ

るだろう．羽ばたく模様は，これらの枠組が L_0 に垂直な方向で，どのように高さが変わるかを見ていればわかるだろう．すなわち羽ばたいた後での枠組を

$$\tilde{e}_1 = (a_{11}, a_{12}, \cdots, a_{1r}, a_{1r+1}, \cdots, a_{1k})$$
$$\tilde{e}_2 = (a_{21}, a_{22}, \cdots, a_{2r}, a_{2r+1}, \cdots, a_{2k})$$
$$\cdots\cdots\cdots$$
$$\tilde{e}_r = (a_{r1}, a_{r2}, \cdots, a_{rr}, a_{rr+1}, \cdots, a_{rk})$$

とすると，高さの変化は，この各ベクトルの後の方の成分

$$\{(a_{1r+1}, \cdots, a_{1k}), (a_{2r+1}, \cdots, a_{2k}), \cdots, (a_{rr+1}, \cdots, a_{rk})\}$$

で測られるだろう．これを，L_0 の近傍を動く平面（この枠組によって張られる平面）を与えるパラメーターと思うと，このパラメーターの個数は，ちょうど $r(k-r)$ 個ある．

グラスマン多様体の多様体としての構造は，この $r(k-r)$ 個のパラメーターを，L_0 の近傍における局所座標として採用してもよいように入っている．

平面が少し動く模様は想像することはできる．L_0 の近傍における，上のような局所座標系がとれることの説明は，確かに，この直観を拠り所としている．しかし，グラスマン多様体の全体像がどのようなものかは，想像することができない．私たちの直観は，個々の平面の局所的なつながり方は教えてくれるが，そのつながり方を追いかけて，さらに大域的なところまで進もうとすると，そこで手繰るべき糸が突然断ち切られてしまう．少し立止って考えてみれば，この直観の進まなくなる場所を，私たちははっ

きりと感ずることができる．ホモロジーというトポロジーの概念を用いて，グラスマン多様体を調べてみると，グラスマン多様体は，非常に複雑な構造をもった多様体であることがわかる．私たちの直観は，1つ1つの平面の近くの模様は，すべて似通ったものであることは示す．だが，空間のもつこの局所的な均質性は，決して空間の大域的構造の簡潔さを意味していないのである．

私たちの数学的直観が，必ずしも全く自由にどこまでもはたらけるほど強力なものではないとすれば，私たちの数学的直観を，完全な数学的な定式化の下で取り出そうとする抽象数学の動きも，結局はある限界があったのだろう．抽象数学という理念的な場にかわって，今度は具象性に支えられた個々の多様体が，数学の場として登場してくることになる．抽象数学が，その外見の抽象性と標榜していた進歩性にかかわらず，私たちに，古くからの数学的直観の，確立された安全さを保証しているものとすれば，多様体は，逆に，私たちに，未知の直観の発見を促しているようである．

(Ⅴ) R^l の中の部分多様体

私たちが多様体を図示するときには，平面の中の曲線か，空間の中の滑らかな曲面を描く．それ以外には描きようがないからである．これらはそれぞれ，R^2 の中の部分多様体，および R^3 の中の部分多様体とよばれるべきものだろう．

図示はできないとしても，一般の R^l の中の k 次元の部分多様体とは，どのように定義したらよいだろうか．そのようなものとして想像するのは，ある座標平面上から見て，山のような形をした曲面で，高さが滑らかに変化するものだろう．無論これも，局所的な形の想像である．この想像する形を，そのまま，R^l の部分多様体の定義に採用してしまおう．すなわち

'R^l の部分集合 M が次の条件をみたすとき，R^l の k 次元部分多様体という：

M の各点 P に対して，M における P の近傍 $V(P)$ と，R^l の適当な k 個の座標軸，x_1 軸，$\cdots$，x_k 軸が存在し，$V(P)$ の点は，$(x_1, x_2, \cdots, x_k)$ 平面から測った'高さ'で決まっている．また，この'高さ'は滑らかに変わる．'

すなわち，$V(P)$ の点 x の座標を $(x_1, x_2, \cdots, x_l)$ とすると，'高さ'$x_{k+1}, x_{k+2}, \cdots, x_l$ は，滑らかな関数 $f_1, f_2, \cdots, f_{l-k}$ を用いて

$$x_{k+1} = f_1(x_1, x_2, \cdots, x_k)$$
$$x_{k+2} = f_2(x_1, x_2, \cdots, x_k)$$
$$\cdots\cdots\cdots$$
$$x_l = f_{l-k}(x_1, x_2, \cdots, x_k)$$

と表わされる（図90）．

このとき，M は，各点 P のまわりの局所座標近傍として $V(P)$，局所座標写像として

図90

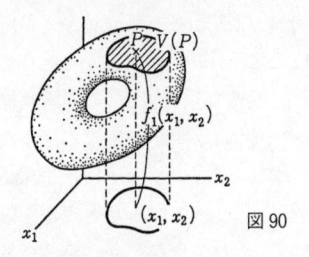

$$\varphi : (x_1, \cdots, x_k, f_1, \cdots, f_{l-k}) \longrightarrow (x_1, x_2, \cdots, x_k)$$

を採用することにより（点Pによって，どのk個の座標を選ぶかは一般には変わるが），多様体の構造をもつことが示される．

いまは，Mを，点Pのまわりで，座標平面$(x_1, x_2, \cdots, x_k)$からの高さとして測ったが，部分多様体Mの方を中心にして考えれば，Mの点は高さ0であるという測り方もある．そのような測り方に意味をもたすためには，Mの点Pをとったとき，Pのまわりの$\boldsymbol{R}^l$の局所座標として

$$(x_1, x_2, \cdots, x_k, y_{k+1}, y_{k+2}, \cdots, y_l)$$

を採用するとよい．ここで

$$y_{k+1} = x_{k+1} - f_1(x_1, x_2, \cdots, x_k)$$
$$\cdots\cdots\cdots\cdots$$
$$y_l = x_l - f_{l-k}(x_1, x_2, \cdots, x_k)$$

とおいてある．$y_{k+1}, \cdots, y_l$は確かにM上で0となるから，この局所座標ではMの点は，Pのまわりでは

$$(x_1, x_2, \cdots, x_k, 0, \cdots, 0)$$

と表わされることになる．しかし，$(x_1, \cdots, x_k, y_{k+1}, \cdots, y_l)$ が，点 P の近くで，実際 $\boldsymbol{R}^l$ の局所座標の役目を果してくれているのかという問題が生ずる．すなわち写像

$$(x_1, \cdots, x_k, x_{k+1}, \cdots, x_l) \longrightarrow (x_1, \cdots, x_k, y_{k+1}, \cdots, y_l)$$

が微分同相写像となっているかどうかを確かめておかなくてはならない．このようなとき，第3章第3節で述べた逆写像定理が有効にはたらくのである．すなわち，その定理によれば，上の写像のヤコビ行列が，点 P で正則（行列式 $\neq 0$！）を示しさえすればよいのである．そしてこのことは容易に確かめられることである．

逆に $\boldsymbol{R}^l$ の部分集合 M が与えられたとき，M の各点 P の近くで，$\boldsymbol{R}^l$ の局所座標近傍 $V(P)$ とその上の局所座標 $(y_1, y_2, \cdots, y_l)$ をとることができて，$V(P)$ 上で，M は，この座標で測ったとき，適当な座標 k 平面に乗っているとする（'高さ' 0！）．すなわち，（座標の番号を適当に取りかえれば）

$$M \cap V(P) = \{y \,|\, y = (y_1, y_2, \cdots, y_k, 0, 0, \cdots, 0)\}$$

と表わされているとする．このとき，M は $\boldsymbol{R}^l$ の部分多様体となっているのである．

4. 多様体の実現

X を k 次元の多様体とする．X 上で定義された滑らかな関数の集まり $C^\infty(X)$ を考えよう．

$C^\infty(X)$ は，多様体 X にとって固有なものだけれど，$C^\infty(X)$ の中には，本当にたくさんの関数が含まれているのだろうかという問題が，まず生じてくる．

実際は，たくさんの関数が含まれているのだが，それを確かめるためには，まず $\boldsymbol{R}^k$ には，図 77(II) で示したような，滑らかな関数がたくさんあったことを思い出しておこう．したがって X 上に 1 つの局所座標系 $\{V_\alpha, \varphi_\alpha\}_{\alpha \in A}$ をとっておいたとき，V_α を少し縮めて $W_\alpha \Subset U_\alpha \Subset V_\alpha$ としておくと（この記号 $\Subset$ は，第 2 章第 4 節で与えてある），これらを φ_α によって，$\boldsymbol{R}^k$ の開集合とみれば，

$$\tilde{f}_\alpha(x) = \begin{cases} 1, & x \in W_\alpha \\ 0, & x \notin U_\alpha \end{cases} \quad (0 \leq \tilde{f}_\alpha \leq 1)$$

となる V_α 上の滑らかな関数が存在していることがわかる．そこで，

$$f_\alpha(x) = \begin{cases} \tilde{f}_\alpha(x), & x \in V_\alpha \\ 0, & x \notin V_\alpha \end{cases}$$

とおくと，$f_\alpha \in C^\infty(X)$ となる．f_α は M 上の点の高さを示している関数だと考えれば，f_α は，W_α を海抜 1 の台地，U_α の外は海抜 0 の平地と見なしている関数である．

また V_α を局所座標 φ_α によって，$\boldsymbol{R}^k$ の開集合と思ってしまえば，V_α 上では滑らかな関数はたくさんある．たとえば 2 節の最初に述べたような表示を使えば

$$\sin x_\alpha{}^1 \cos x_\alpha{}^2 \{(x_\alpha{}^3)^2 + 1\} \cdots (x_\alpha{}^n)^2$$

のような関数 $g(x_\alpha{}^1, x_\alpha{}^2, \cdots, x_\alpha{}^n)$ はすべて V_α 上の関数で

ある．上の $\tilde{f}_\alpha$ にこのような g をかけると，高さ 1 の台地 W_α は山容を変えて，高さが g で与えられる起伏をもった山となる．この関数を，V_α の外で 0 として，X 上の関数へと拡げておけば，この関数は X 上の滑らかな関数で，W_α で g の値をとっている．

すなわち，$C^\infty(X)$ の中には，十分小さいところ（台地！）で関数として自由に値をとり，外では 0 となっているような関数がたくさん存在している．これらの関数を，有限個加え合わせても，$C^\infty(X)$ に含まれているが，さらに台地が完全に離れ離れになっていれば，可算個加え合わせてもやはり $C^\infty(X)$ に含まれている．このようにして得られたいくつかの関数をまた加え合わせたものも $C^\infty(X)$ に含まれる．したがって，$C^\infty(X)$ には多くの関数が含まれていることがわかる．

$C^\infty(X)$ の中から l 個の関数

$$f_1, f_2, \cdots, f_l$$

をとろう．第 2 章で考察したと同じように，f_1 はたとえば X に等高線，f_2 は X に等温線，f_3 は X に等圧線，…を与えていると考えよう．実際は，たとえば，f_1 で測って同じ高さをもつ点，たとえば $f_1(x)=1$ となっている点 x は，線上にあるわけではなく，X の台地となっていたり，複雑な X の部分集合をつくったりしているので，私たちが，等高線，等温線というのは，あくまでたとえに過ぎない．

点 $x \in X$ に，l 個の実数値

$$(f_1(x),\ f_2(x),\ f_3(x),\ \cdots,\ f_l(x))$$

を対応させると，確かにこれは，X の各点に1つの目盛を与えている．X の各点には，高さ f_1，温度 f_2，気圧 f_3，…のデータが与えられており，それらの値が等しいか，等しくないかにしたがって X の点はこのデータでふるい分けられてくるだろう．

等高線，等温線，等圧線等が複雑に入り乱れて，何重にも重なり合ったり，また，広い所で，高さも温度も圧力も，すべてのデータが一致してしまうようなこともあるかもしれない．こんなときには，上のデータから何かを読み取るということは難しいことになる．

私たちが知りたいのは，データから，X に関してかなりの情報が得られる都合のよいときは，どんなときだろうかということである．

そのような都合のよいときとして，次のような状況 (A) を考える．データの個数 l は十分多いとしよう．少くとも l は X の次元 k よりは大きいとしよう．

(A) X の任意の点 x をとったとき，十分小さい x の近傍 $V(x)$ をとると，$(f_1,\ f_2,\ \cdots,\ f_l)$ の中から適当に取り出した k 個のデータ

$$(f_{i_1},\ f_{i_2},\ \cdots,\ f_{i_k})$$

が，ちょうど $V(x)$ の局所座標を与えているようにできる．

すなわち，点 x の近くでは，適当にとった f_{i_1} 等高線，f_{i_2}

等高線, f_{i_3} 等高線, ⋯, f_{i_k} 等高線が, 綺麗に網目状をつくっていて, $V(x)$ 上にあらかじめ X の局所座標 $(x^1, x^2, \cdots, x^k)$ を与えておくと, 対応

$(x^1, x^2, \cdots, x^k)$
⟶ $(f_{i_1}(x^1, \cdots, x^k), f_{i_2}(x^1, \cdots, x^k), \cdots, f_{i_k}(x^1, \cdots, x^k))$

が微分同相写像となっているような場合を考えようというのである.

この状況は, ちょうど逆写像定理が適用される形となっている. したがってその定理を用いると, 最初に与えられたデータ $(f_1, f_2, \cdots, f_l)$ に対して(A)が成り立っているかどうかの判定は, 次のように与えられる.

(B) 任意の点 $x \in X$ と, そのまわりでの局所座標 $(x^1, x^2, \cdots, x^k)$ を1つとったとき, 適当に $i_1, i_2, \cdots, i_k$ を選んで, ヤコビ行列

$$\begin{bmatrix} \dfrac{\partial f_{i_1}}{\partial x^1} & \dfrac{\partial f_{i_1}}{\partial x^2} & \cdots & \dfrac{\partial f_{i_1}}{\partial x^k} \\ \dfrac{\partial f_{i_2}}{\partial x^1} & \dfrac{\partial f_{i_2}}{\partial x^2} & \cdots & \dfrac{\partial f_{i_2}}{\partial x^k} \\ & \cdots\cdots\cdots & \\ \dfrac{\partial f_{i_k}}{\partial x^1} & \dfrac{\partial f_{i_k}}{\partial x^2} & \cdots & \dfrac{\partial f_{i_k}}{\partial x^k} \end{bmatrix}$$

をつくると, この行列は x で正則行列となっている.

すなわち(A)と(B)は同等な条件である. この(B)に述べられているような形で, 与えられたデータが, よいデー

タか，悪いデータかを選別できるということは，逆写像定理，あるいはその背景にある微分という概念の強力さを物語っている．たとえば，このことから次のことも結論できる．(A)をみたすよいデータ $(f_1, f_2, \cdots, f_l)$ が最初に与えられているとしよう．いま，$f_1, f_2, \cdots, f_l$ を，x の近くで，1階の偏導関数の値もあまり変らないように，ごく僅か変動したとする．このように変動して得られた新しいデータを $g_1, g_2, \cdots, g_l$ とすると，$(g_1, g_2, \cdots, g_l)$ は，再び x の近くで(B)を，したがってまた(A)をみたしているよいデータとなっている．なぜなら，$(f_1, f_2, \cdots, f_l)$ は条件(B)をみたすから，(B)の中で与えられたヤコビ行列の行列式は点 x で0でない．したがって行列式の成分に関する連続性から，偏導関数の値が十分近ければ，$(g_1, g_2, \cdots, g_l)$ の対応するヤコビ行列も同じ性質をもつからである．

このことをかんたんに，(A)をみたすよいデータに，微分の値までこめて近いデータは，またよいデータであるといい表わそう．あるいは条件(A)は，微分もこめて考えておけば，よいデータに関する条件として安定な条件であるといい表わした方が，より簡明かもしれない．

位相多様体上では，よいデータに関するこのような安定な条件を求めるわけにはいかないのである．たとえば直線 $\boldsymbol{R}^1$ 上の位相的な意味でのよいデータといえば，$\boldsymbol{R}^1$ の異なる点で異なる値をとる連続関数で与えられ，それは単調増加か，単調減少のいずれかである．すなわち，$\boldsymbol{R}^1$ に上り坂一方か，下り坂一方の高さを与えることである．したがってたとえば，上り坂に

ごく僅かな凹凸をつくっただけで,すでにこのときこの高さのデータは,$\boldsymbol{R}^1$のよいデータを与えなくなってしまう.このとき,条件(A)が保証する安定さは,どこに消えてしまったのかと,読者は疑問に思われるかもしれない.このように,平坦な上り坂に凹凸をつくると,たとえば勾配1の上り坂に細かい凹凸をつくると,あちこちに微分が0となる場所(凹凸の頂点)が出てきて,微分の値までこめて考えると,最初の上り坂に近くなっていないのである.この簡単な例でもわかるように,微分の値までこめた近さとは,眼に見える近さの感じより遥かに精密なものである.この精密な近さの規準は,位相多様体では測れないが,多様体では測ることができる.条件(A)の安定さは,この精密さによっている.

さて,Xの上にl個の滑らかなデータ$(f_1, f_2, \cdots, f_l)$が与えられたとき,$x \in X$に対し,l個の実数の組への対応

$$\varPhi : x \longrightarrow (f_1(x), f_2(x), \cdots, f_l(x))$$

を考えれば,$\varPhi$は,Xから$\boldsymbol{R}^l$への滑らかな写像となっている.このとき,条件(A)をみたす写像$\varPhi$といういい方も可能となってくる.これだけの準備で次の定義をおこう.

定義 多様体Xから$\boldsymbol{R}^l$への滑らかな写像$\varPhi$が,Xの各点で条件(A)を満たすとき,$\varPhi$を'はめこみ'(immersion)という.

はめこみ写像$\varPhi: X \to \boldsymbol{R}^l$が与えられたとしよう.いままでのように

$$\varPhi(x) = (f_1(x), f_2(x), \cdots, f_l(x))$$

とかくより,

$$y_1 = f_1(x), \quad y_2 = f_2(x), \quad \cdots, \quad y_l = f_l(x)$$

とおいて，

$$\varPhi(x) = (y_1, y_2, \cdots, y_l)$$

とかいた方が簡単かもしれない．$y_1, y_2, \cdots, y_l$ は x に関する滑らかな関数となっている．$\varPhi$ は条件(A)をみたしているから，X の任意の点 x を与えたとき，適当に $y_{i_1}, \cdots, y_{i_k}$ を選んでくると，これらは x のまわりの局所座標となっている．簡単のため，$y_1, y_2, \cdots, y_k$ が，x のまわりの局所座標を与えているとしよう．

ここで，$y_1, y_2, \cdots, y_l$ が，X 上の滑らかな関数であるという定義をもう一度思い起こしておこう．それは，X の任意の点のまわりのどんな局所座標を選んで，$y_1, y_2, \cdots, y_l$ を座標の関数としてかき表わしても，滑らかになるということであった．特に，x のまわりの局所座標として $y_1, y_2, \cdots, y_k$ をとると，残りの関数 $y_{k+1}, \cdots, y_l$ は，x の近くで，$y_1, y_2, \cdots, y_k$ に関する滑らかな関数としてかき表わされる．これらを

$$y_{k+1} = h_1(y_1, y_2, \cdots, y_k)$$
$$y_{k+2} = h_2(y_1, y_2, \cdots, y_k)$$
$$\cdots\cdots\cdots\cdots$$
$$y_l = h_{l-k}(y_1, y_2, \cdots, y_k)$$

と表わそう．ここで $h_1, h_2, \cdots, h_{l-k}$ は，滑らかな関数である．

すなわち，x の近傍は，$\varPhi$ によって $\boldsymbol{R}^l$ へ移すと

$$(y_1, y_2, \cdots, y_k, h_1(y_1, \cdots, y_k), \cdots, h_{l-k}(y_1, \cdots, y_k))$$

と表わされる.同じことであるが,xの近傍は,最初のk個の座標のつくる座標平面上で,'高さ'が$(h_1, h_2, \cdots, h_{l-k})$で与えられる曲面——$\boldsymbol{R}^l$の部分多様体——へ移されている.ここで$(y_1, y_2, \cdots, y_k)$は,この部分多様体の局所座標を与えている.

抽象的な局所座標は,遂にここでは形をもって登場した.Xの点xの近傍は,$\boldsymbol{R}^l$の中のk次元曲面として姿を現わした.局所座標写像は,座標平面への射影として得られている.

したがって,はめこみ写像は,Xの各点のまわりを$\boldsymbol{R}^l$

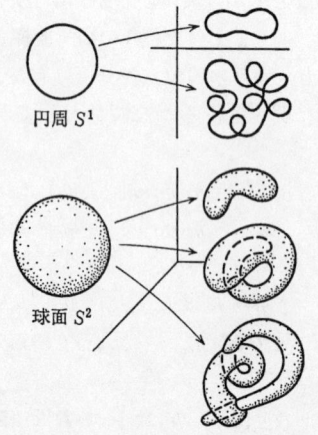

円周 S^1

球面 S^2

図91

の曲面として実現しているような，いわば，X の $\boldsymbol{R}^l$ の中への局所的な実現写像となっている．図 91 では，S^1 と S^2 とのはめこみ写像の例を与えておいた．この図を見てもわかるように，はめこみ写像は，一般には 1 対 1 の写像ではなく，X の像は交わっていて，したがって，一般には X の $\boldsymbol{R}^l$ の中への大域的な実現写像を与えているわけではないのである．はめこみ写像であって，大域的にも 1 対 1 になっている写像を，（それに多少補足的な条件を附して）うめこみ写像と定義する：

定義 多様体 X から $\boldsymbol{R}^l$ への滑らかな写像 Φ が，1 対 1 のはめこみ写像であって，かつ X の位相と，$\boldsymbol{R}^l$ の部分空間としての位相が一致するとき，Φ を'うめこみ'(imbedding) という．

この最後の条件について，まず説明を加えておこう．たとえば，X が直線のとき，図 92 で与えた写像は，直線から $\boldsymbol{R}^2$ の中への 1 対 1 のはめこみを与えているが，直線上で

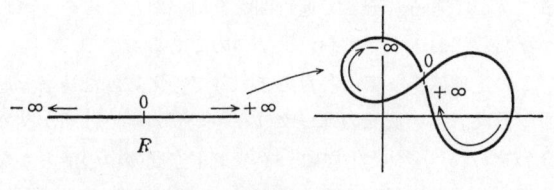

図 92

しだいに無限大の方へ進む点列は，移された $\boldsymbol{R}^2$ の像の方で見ていると，原点に近づくことにもなっている．逆にいえば，像の方では，原点は無限大の方にも近いのである．$\varPhi$ はこのとき X の近さを $\boldsymbol{R}^2$ の近さの中に移していない．最後の条件は，このようなことが起きないことを要請しているのである．なお，X がコンパクトのときには，この条件は自動的に成り立つことが知られている．

うめこみ写像 $\varPhi$ は，多様体 X を，$\boldsymbol{R}^l$ の中の部分多様体として実現する写像である．しかしこのようなうめこみ写像は存在するのだろうか．

それに対する解答は，1936 年に，ウイットニーによって与えられた．それを定理の形で述べておこう．

定理 1 X を多様体とする．そのとき自然数 l を適当にとると，X から $\boldsymbol{R}^l$ へのうめこみ写像 $\varPhi$ が存在する．

この定理は，$C^\infty(X)$ が十分多くの関数を含んでいることはすでに知っているから，位相多様体の場合のうめこみ定理（第 2 章第 4 節，定理 3）とまったく同じ方法で証明することができる．そこで連続関数を用いたところを，滑らかな関数におきかえておけばよいのである．

この定理によって，各点のまわりで与えられた適当な局所座標は，高い次元のユークリッド空間の中では順次貼り合わせられ，全体としてユークリッド空間の中の滑らかな曲面として姿を見せることになった．うめこみ写像のとり

方はたくさんあるから，このように1つの多様体をユークリッド空間の中に現わした姿もまた多様なものとなっており，これらのさまざまな像は，互いに微分同相写像で移りあっている．1つの特定の姿は定まらず，このように多くの実現の仕方があるという点に，むしろ多様体の本性が現われていると考えられる．したがって，定理1からの結論として，多様体はユークリッド空間の曲面であるといいきってしまうことは，あまり適当ではないのである．多様体は多くの実現の仕方を許す母胎として存在している．

k 次元の多様体 X が与えられたとき，l さえ十分大きくとっておけば，X は $\boldsymbol{R}^l$ の中にうめこまれ，したがってまた当然，はめこまれてもいるわけであるが，ここでウイットニーは，次のような新しい型の問題を定式化し，それに対して1つの解答を与えた．問題というのは，X の次元が k 次元のときには，どの程度の次元のユークリッド空間を用意しておけば，X はそのユークリッド空間の中に，うめこまれ，または，はめこまれるのだろうか．定理1で，l をできるだけ小さくとれる方が，もちろん望ましいわけである．ウイットニーが1936年に最初に与えたこれに対する解答は，次の定理で述べられる．

定理2 k 次元の多様体は，$2k+1$ 次元のユークリッド空間の中にうめこむことができる．また，$2k$ 次元のユークリッド空間の中にはめこむことができる．

この定理の証明は、ここでは与えないが、ユークリッド空間の次元を増してくると、しだいに空間の中で点が動きやすくなる自由度が増してきて、うめこみ（または、はめこみ）やすくなる状況が生じてくるということは、注意しておこう。たとえば、図93の(Ⅰ)は、直線R^1の上にからまり、まつわりあっている糸を示している。直線の上だから、重なっている点さえここでは判別できない。ところが、この直線をR^2の中で考えて、糸を、直線上だけではなく、たての方に少し動かしてもよいことにすると、糸は、図(Ⅱ)のような形にすることができ、直線上では全然様子のわからなかった糸は、ここでは円周のR^2の中へのはめこまれた像となって姿を現わしてくる。しかし平面上では、この糸を少し動かして、重なった点を外すわけにはいかないだろう。だが、今度は、さらにこの糸を空間の中で考えることにして、図(Ⅲ)のように、高さの方に与えられ

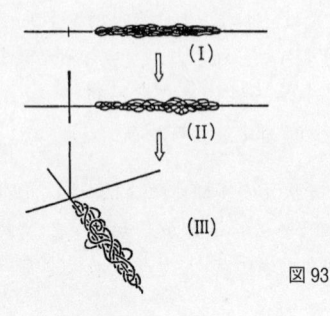

図93

た自由度を用いて少し動かせば，重なり目はすべて外せて，円周の $\boldsymbol{R}^3$ の中へのうめこまれた像となってくる．この議論ならば，円周が，最初に直線上の1点につぶされて移されている場合でも成り立つ．もう少し一般に考えれば，円周 S^1 から $\boldsymbol{R}^3$ の中へのどんな滑らかな写像でも，少し変形させることにより，うめこみ写像とすることができるということもわかるだろう．実は，このことは一般にいえることであって，定理2は，もっと正確に次のように述べられるのである．

定理3 k 次元多様体 X から $\boldsymbol{R}^{2k+1}$ への任意の滑らかな写像 Φ は，微小な変形でうめこみ写像とすることができる．また，X から $\boldsymbol{R}^{2k}$ への任意の滑らかな写像 Ψ は，微小な変形ではめこみ写像とすることができる．

ここで述べた微小の変形とは，Φ を，連続写像として少し変えるというだけではなくて，実は，前に述べた微分まで考えに入れた意味での近さで，少し変えてもよいのである．

さて，前に，写像がはめこみ写像であるという性質は，この近さの意味では安定であることを述べた．同じように，写像がうめこみ写像であるという性質も，この微分まで考えた精密な近さの意味では，安定な性質になっている（ここでは多様体上で微分もこめた近さの定義を正確に与えなかったので，このいい方は多少不鮮明なものとなって

いる).この結果と,定理3を併せて考えてみよう.たとえば,うめこみ写像の方でいえば,こういうことになる.k次元多様体Xから$\boldsymbol{R}^{2k+1}$への滑らかな写像$\varPhi$が1つ与えられたとき,$\varPhi$をごく少し変えることにより,いつでも安定の状況——うめこみ——へと移行させることができる.このようにして,一度安定の状況に入れば,多少変動しても,うめこみであるという性質は保たれるのである.うめこみ写像は,安定な状況として,Xから$\boldsymbol{R}^{2k+1}$への滑らかな写像全体のつくる空間(写像空間!)の中に,稠密に拡がっている.この状況を数学では,Xから$\boldsymbol{R}^{2k+1}$への写像のつくる空間の中で,うめこみ写像は一般の位置を占めているという.

このことは,Xから$\boldsymbol{R}^{2k+1}$へのほとんどすべての写像によって,Xは$\boldsymbol{R}^{2k+1}$の中へ実現されてしまうことを意味している.したがって,この場合,多様体がユークリッド空間の中に実現されるということは,写像が存在しているということくらいのことにすぎない.またそこでは写像が自由に動けるくらいの自由度で,実現の多様性が現われてくるのである.確かにうめこみは,多様体が存在する——実現される——場所がどこかは示してはくれるが,このように多くの自由度がある以上,表現という観点でみれば,この場合,うめこみ自体にそれほど多くの意味を見出すわけにはいかないのである.

しかし,1944年に2つの論文で,ウイットニーは,定理

2が改善されることを証明した.

定理 4 k 次元の多様体は,$2k$ 次元のユークリッド空間にうめこむことができる.また $2k-1$ 次元のユークリッド空間の中にはめこむことができる.(ただし,最後の結論のときには $k>1$ とする.)

しかし,定理3に相当する結果は成り立たない.すなわち,うめこみの方でいえば,k 次元の多様体 X から,$\boldsymbol{R}^{2k}$ への任意の写像 $\varPhi$ をとったとき,それを少し変形してうめこみ写像にするわけにはいかない.うめこみ写像は,ここでは,一般の位置にはないのである.うめこみ写像は,この場合には非常に特別な写像である.したがって,そのような写像をいかに構成していくかに,多様体の表現の問題が深く関係してくることになるだろう.実際,この構成には多様体の大域的な考察が必要となってきて,トポロジーの考え方が本質的な役割を演ずるようになってくる.歴史的にも,その過程で,多様体の隠されていた深い性質,トポロジーと滑らかさとのかかわり合いが,しだいに明らかにされてきたのである.

いままでの定理4は一般論である.個々の多様体をとれば,もっと低い次元のユークリッド空間にうめこむ(はめこむ)ことができるだろう.たとえば,k 次元球面 S^k は,もう1次元高い $\boldsymbol{R}^{k+1}$ の中にうめこむことができる.私たちは,S^k を,ふつうは抽象的なものとしてではなく,その

ようにうめこまれたものとして把握している. S^k は, 多様体として, 大域的にかんたんな構造をしていたから, $2k$ 次元を必要とせず, 1 次元高い R^{k+1} に, すでにうめこまれてしまったのだろう.

それでは, 一般に, k 次元の多様体 X が 1 つ与えられたとき, X がユークリッド空間の系列

$$R^k, R^{k+1}, R^{k+2}, \cdots, R^{2k}$$

の中で, 最初にうめこまれる (はめこまれる) 場所はどこなのだろうか. うめこみ, または, はめこみの, 最低次元を求めよというこの問題は, 個々の多様体 X の大域的な性質に深く関係しているに違いない. この問題は, 一般には非常に難かしくて, 解決されている場合がむしろ少ないのだが, 射影空間の場合は割合よく調べられている. "数学辞典"(岩波書店) に記載されてある表にしたがえば, 10 次元までの射影空間は, 次のようになっている.

射影空間の次元	1	2	3	4	5	6	7	8	9	10
うめこみの最低次元	2	4	5	8	9	9〜11	9〜12	16	17	17〜19
はめこみの最低次元	2	3	4	7	7	7		8	15	15	16

この表にある記号 〜 は, たとえば 6 次元の射影空間は, R^9 か R^{10} か R^{11} かにうめこまれることは確かだということを示している.

この表で，8次元のところをみると，8次元の射影空間は15次元のユークリッド空間には決してうめこめないで，16次元に至ってはじめてうめこみが可能であることを示している．はめこみは，15次元に至ってはじめて可能である．定理4で，$k=8$としてみると，このことは，一般的な定理としては，定理4は最善の結果を与えていることがわかる．さらにこの表をよく見ると，各次元の射影空間は，次元にしたがって，全然別の様相を示していることがわかる．たとえば，8次元の射影空間は，ほとんど2倍の次元に近い15次元でないとはめこめないのに，7次元の射影空間は，それにくらべてはるかに低い8次元のところにはめこむことができる．似たような状況は，3次元と4次元の間にも起きている．また，私たちのごくふつうの直観にしたがえば，多様体がある次元のユークリッド空間R^lにはめこまれていれば，その交わっている部分は，R^lでは外せなくとも，R^{l+1}では外せるだろうと思う：R^{l+1}の最後の座標軸の方向（R^lとは独立な方向！）に交わった部分をずらしながら外してしまえばよいと考える．実際，クラインの壺は，このようにしてR^4の中にうめこむことができる．しかしこの表の5次元や9次元の示すところによると，この直観は一般には正しくないのである．1次元高いところでは絶対外せないはめこみとは，どんなものだろうか．

多様体は，私たちが，最初にその定義を見て考えるより，はるかに複雑な構造を内蔵している．定義に戻れば，射影

空間は，ユークリッド空間の原点を通る直線の集合にすぎない．私たちは，$\boldsymbol{R}^7$ も $\boldsymbol{R}^8$ も同じようなものだと考える．次元の違いは，変数を1つ増すか減らすかの違いだから，次元に関する均質性は，少くともこのような考えの中では保証されていると思う．したがってまた，$\boldsymbol{R}^7$ と $\boldsymbol{R}^8$ の原点を通る直線の集まりも，同じようなものだと思う．しかし上でみたように，7次元と8次元の射影空間は，多様体として全く異なる様相を示しているから，この次元に関する私たちの素朴な感じは，この事実によって砕かれてしまうのである．

1950年以降の数学の進歩によって，数学者は，次元の示すこのような個性に，それほど驚くことはなくなったが，驚きのなくなったことは，次元の神秘性が消えたことを意味してはいない．高次元の世界のもつ真の多様性は，やはり未知のまま残されているような気がしている．

第5章 動き行く場

1. 微分すること

 X を k 次元の多様体とする．X の1点 x_0 をとる．X はもともと位相多様体だったから，R から X への連続写像 γ で，$\gamma(0)=x_0$ となるものを考えることはできる．R 上の変数を t と表わし，これを時間の変数と思えば，γ は，時間とともに動く，X 上の動点の軌跡を示すとも考えられる．この動点は，時間 $t=0$ のときには，x_0 にいる．γ を X 上の連続曲線とよぶこともある．γ の定義は，位相的なものだから，特に局所座標を援用する必要はない．

 連続曲線 γ が滑らかかどうかを調べようとすると，こんどは，X に局所座標系を1つとっておいて，局所座標写像で R^k の方へ移しておいて調べなくてはならない．いま $t=0$ の近くで（X の点に移していえば x_0 の近くで）γ が滑らかである場合を考えよう．このことは，x_0 のまわりで局所座標写像 φ をとり，φ によって，R^k へ移して，
$$\gamma(t) = (x^1(t), x^2(t), \cdots, x^k(t))$$
と表わしたとき，$x^1(t), x^2(t), \cdots, x^k(t)$ がすべて $t=0$ の近くで滑らかであることを意味している（図94）．

図 94

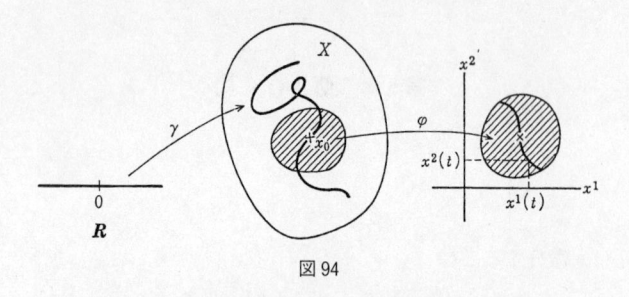

　この局所座標を1つとっておく限り，γの挙動は，完全に$\boldsymbol{R}^k$上で捉えられているから，$t=0$におけるγの速さを測ることができる．それは速度ベクトルとして

(1) $$\left(\frac{dx^1}{dt}(0),\ \frac{dx^2}{dt}(0),\ \cdots,\ \frac{dx^k}{dt}(0)\right)$$

で与えられる．たとえば，$\dfrac{dx^i}{dt}(0)$は，γのi座標成分の，$t=0$における速度を示している．この速度の測り方は，もちろん，局所座標のとり方によっている．モニター室のたとえを使えば，(1)は，モニターが，モニター室にあるφ画面から得られたγの$t=0$における速度として，報告してきたものである．

　そのことを明示するために，ここだけの便宜的ないい方であるが，(1)をγの$t=0$におけるφ速度といって

(2) $$\left(\frac{d\gamma}{dt}(0)\right)_\varphi = \begin{bmatrix} dx^1/dt(0) \\ dx^2/dt(0) \\ \vdots \\ dx^k/dt(0) \end{bmatrix}$$

と，縦ベクトルの形で書いておくことにしよう．

x_0 のまわりの別の局所座標 $(y^1, y^2, \cdots, y^k)$ をとってみよう．この局所座標が，局所座標写像 ψ で与えられているとすれば，上と同様の意味で，γ の $t=0$ における ψ 速度が測られ，それは

(3) $$\left(\frac{d\gamma}{dt}(0)\right)_\psi = \begin{bmatrix} dy^1/dt(0) \\ dy^2/dt(0) \\ \vdots \\ dy^k/dt(0) \end{bmatrix}$$

で与えられることになる．モニターの手には，φ 画面と ψ 画面から得られた，γ の $t=0$ における速度に関する 2 つのデータ (2) と (3) があるが，局所座標の変換則によって φ 画面と ψ 画面の映像をつなぎ合わせることは，モニターはよく知っているから，(2) と (3) の関係も求めることができる．それは次のように行なう．

局所座標の変換則

$$y^1 = y^1(x^1, x^2, \cdots, x^k)$$
$$y^2 = y^2(x^1, x^2, \cdots, x^k)$$
$$\cdots\cdots\cdots\cdots$$
$$y^k = y^k(x^1, x^2, \cdots, x^k)$$

を，曲線 γ の上で見ると

$$y^1(t) = y^1(x^1(t), x^2(t), \cdots, x^k(t))$$
$$y^2(t) = y^2(x^1(t), x^2(t), \cdots, x^k(t))$$
$$\cdots\cdots\cdots$$
$$y^k(t) = y^k(x^1(t), x^2(t), \cdots, x^k(t))$$

となっている．

たとえば，この i 番目の式を，t で微分して，$t=0$ とおいてみると

(4) $\dfrac{dy^i}{dt}(0) = \dfrac{\partial y^i}{\partial x^1}\dfrac{dx^1}{dt}(0) + \dfrac{\partial y^i}{\partial x^2}\dfrac{dx^2}{dt}(0) + \cdots + \dfrac{\partial y^i}{\partial x^k}\dfrac{dx^k}{dt}(0)$

が得られる．ここで右辺の偏導関数の値は，$x=x_0$ のところでとっている．$i=1, 2, \cdots, k$ とおくと，これで(2)と(3)の関係が得られたことになる．

しかし，それではわかり難いので，ふつうは，行列の記法を使って，(4)を

(5)
$$\begin{bmatrix} dy^1/dt(0) \\ dy^2/dt(0) \\ \vdots \\ dy^k/dt(0) \end{bmatrix}$$
$$= \begin{bmatrix} \partial y^1/\partial x^1 & \partial y^1/\partial x^2 & \cdots & \partial y^1/\partial x^k \\ \partial y^2/\partial x^1 & \partial y^2/\partial x^2 & \cdots & \partial y^2/\partial x^k \\ \vdots & & \cdots\cdots & \\ \partial y^k/\partial x^1 & \partial y^k/\partial x^2 & \cdots & \partial y^k/\partial x^k \end{bmatrix}_{x=x_0} \begin{bmatrix} dx^1/dt(0) \\ dx^2/dt(0) \\ \vdots \\ dx^k/dt(0) \end{bmatrix}$$

と表わす．この右辺に現われた k 次の正方行列は，ちょうど，局所座標に対するヤコビ行列を $x=x_0$ で考えたものになっている．このヤコビ行列を $J(\psi/\varphi)$ と表わすと，(2)，(3)を参照して(5)は簡単に

(6) $$\left(\frac{d\gamma}{dt}(0)\right)_\psi = J(\psi/\varphi)(x_0) \cdot \left(\frac{d\gamma}{dt}(0)\right)_\varphi$$

と表わされる．

すなわち，γ の $t=0$ における φ 速度と ψ 速度とは，ヤコビ行列で結ばれている．(したがってこの変換は，線形変換である．)

$t=0$ のとき x_0 を通る滑らかな曲線が，いろいろ与えられているとしよう．このような曲線の映像が X から送られてくるたびに，φ 画面と ψ 画面には，同時にそれぞれ1つの像が映し出されてくるだろう．そのたびにまた，$t=0$ におけるこの曲線の φ 速度と ψ 速度が算出されてくることになる．この状況を記述するためには，モニター室には，テレビの画面以外に次のような装置をつけておけばよい．φ 画面，ψ 画面の点 x_0 を映し出す場所に，$\boldsymbol{R}^k$ の点を指し示すことのできる電光掲示板をつけておく．速度縦ベクトルで与えられ，それは $\boldsymbol{R}^k$ の点と見なしている．1つの曲線の映像が送られてきたときに，$t=0$ における φ 速度，ψ 速度をこの電光掲示板に表示してしまえばよい．この電光掲示板を速度表示板ということにしよう（図95）．したがってこの装置では，曲線 γ の映像と，速度表示が連

図95 速度表示板 ヤコビ行列 R^k 座標変換 φ画面 ψ画面

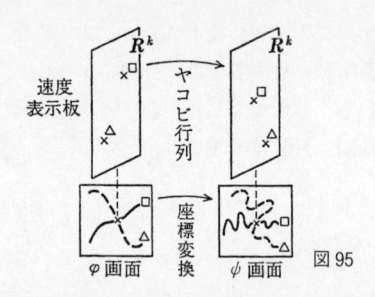

動して動くことになる．モニターは，下の φ 画面と ψ 画面をつなぐには，局所座標の変換則が必要だったが，上の掲示板の目盛は，ヤコビ行列の変換でつないでおけばよいと了承するだろう．

いま，X 上の滑らかな関数 f が与えられたとしよう．γ を，$t=0$ のとき x_0 を通る滑らかな曲線とする．滑らかさの仮定は $t=0$ の近くだけでよい．f を，$t=0$ で γ に沿って微分することを考えよう．動点 x が γ 上を動くとき

$$f(x) = f(\gamma(t))$$

と表わされるから，f は実は，γ の上では t の関数である．f は t の関数としても，滑らかな関数である．それをみるには，x_0 のまわりの局所座標を用いて，曲線 γ が滑らかであることを確認し，それを用いて，また $f(\gamma(t))$ が，t の関数として滑らかであるということを確認すればよい．$f(\gamma(t))$ は，実軸上の関数で，$t=0$ の近くで滑らかな関数だから，X の局所座標系など何も用いなくて，

$$\left.\frac{df(\gamma(t))}{dt}\right|_{t=0}$$

の値を求めることができる．この式の意味は，$f(\gamma(t))$ を t の関数として微分して，$t=0$ における微係数の値を求めたということである．この値を簡単のために

(7) $$\frac{df}{dt}(0)_\gamma$$

と表わそう．曲線に沿ってのこの微分の値というのは，特別の場合にはすでに述べてある．たとえば，R^2 上で定義された滑らかな関数 $g(x_1, x_2)$ を曲線 $\gamma(t)=(t, 0)$ に沿って $t=0$ で微分すると，その値はちょうど原点における偏微分係数 $\partial g/\partial x_1(0)$ となっている．

ここで強調しておきたいことは，(7)の値が，局所座標のとり方によらず，γ を与えれば X 上で決まる確定した値であるということである．しかし，多様体という観点に立てば，この状況は，モニター室の方でどのようにキャッチされているかを調べておく必要がある．それには，前のように x_0 のまわりの φ 座標 $(x^1, x^2, \cdots, x^k)$ をとって，今の状況を，この座標で記述しておく必要がある．$\gamma(t)=(x^1(t), x^2(t), \cdots, x^k(t))$ を f に代入すると，

$$f(\gamma(t)) = f(x^1(t), x^2(t), \cdots, x^k(t))$$

が得られる．この両辺を t で微分して，$t=0$ とおくと

(8) $$\frac{df}{dt}(0)_\gamma = \frac{\partial f}{\partial x^1}\frac{dx^1}{dt}(0) + \frac{\partial f}{\partial x^2}\frac{dx^2}{dt}(0) + \cdots + \frac{\partial f}{\partial x^k}\frac{dx^k}{dt}(0)$$

が得られる．ここで右辺に現われた偏微分の値は $x=x_0$ のところでとっている．右辺の偏微分係数のそれぞれに，係数としてかけられているものは，ちょうど γ の $t=0$ における φ 速度だから，それを見やすくするためには，(8) を

$$(9) \quad \frac{df}{dt}(0)_\gamma = \left(\frac{\partial f}{\partial x^1}, \frac{\partial f}{\partial x^2}, \cdots, \frac{\partial f}{\partial x^k}\right)_{x=x_0} \left(\frac{d\gamma}{dt}(0)_\varphi\right)$$

と表わした方がよいかもしれない．（ここで右辺は，(8)の右辺のことであると了承しておくのである．）

この式は何を意味しているだろうか．左辺は，γ さえ与えておけば，局所座標のとり方にはよらない値である．この局所座標のとり方にはよらない値を，φ 画面に映される映像だけからどのように算出したらよいかを示しているのが右辺である．モニターは，関数 f を φ 画面を通して見て，それをまるでユークリッド空間上の関数のように思って，偏微分する．それから，x_0 の映像の上にある速度掲示板から，γ の速度を知る．そして，その2つから(8)（または(9)）の右辺に与えられた式を計算して，$df/dt(0)_\gamma$ を求めることになる．モニターは，どの画面を用いてこの算出法を行なっても，同じ値へ導くことになることは，すでに知っている．

一般に，局所座標が与えられたとき，単に，与えられた関数に，局所座標の座標軸に沿う偏微分作用素 $\partial/\partial x^1$, $\partial/\partial x^2$, $\cdots$, $\partial/\partial x^k$ をほどこしてみても，これは多様体上で

考えればあまり意味のあることではない．いまわかったことは，局所座標の方だけではなく，γ の φ 速度にも注目して，

$$\frac{d\gamma}{dx^1}(0)\frac{\partial}{\partial x^1} + \frac{d\gamma}{dx^2}(0)\frac{\partial}{\partial x^2} + \cdots + \frac{d\gamma}{dx^k}(0)\frac{\partial}{\partial x^k}$$

という微分作用素を作って，f をこれによって微分すると，その結果は局所座標のとり方にはよらないということである．このようにして速度掲示板の値は，X 上の滑らかな関数を微分するために，しだいに意味を帯びてきつつある．

対応したことを，もっとも簡単な場合について考えてみよう．$f(x)$ を数直線上の滑らかな関数とする．$\gamma = \gamma(t)$ は数直線上の動点を示すとし，$\gamma(0) = 0$ とする．$f(x)$ をこの動点の関数と考えることは，

$$f(x) = f(\gamma(t))$$

として，f を t の関数とみることである．このとき f を γ に沿って微分するとは，単に t に関して微分することであって，その結果は

$$\frac{df}{dt}(0) = \gamma'(0)\frac{df}{dx}(0)$$

である．$\gamma'(0)$ は，γ の $t=0$ における速度とも考えられるが，また，関数 $y = \gamma(t)$ のグラフの $t=0$ における接線の勾配とも考えられる．

この式を，(8) または (9) と見くらべれば，k 個の成分からなる縦ベクトル $d\gamma/dt(0)_\varphi$ は，いままでのように，γ の

$t=0$ における φ 速度といってもよいが,別の見方では,何か,γ の $t=0$ における接線の勾配といったものを与えていると見なせないだろうかと考えられてくる.

しかし,多様体 X の中を走っている曲線 γ の $t=0$ における'接線の勾配'とは,どのように考えたらよいのだろうか.曲線という概念は多様体上にあるが,直線という概念は多様体上に導入するわけにはいかないから,もちろん,接線などという概念を,曲線 γ に与えるわけにはいかない.

局所座標の方からみれば,事情は次のようになっている.γ の映像を φ 画面でキャッチしてみると,画面の上に1つの曲線（$\mathbf{R}^k$ の中の曲線！）が現われる.点 x_0 の映像のところで速度表示された値（縦ベクトル）を見ると,この値 $d\gamma/dt(0)_\varphi$ は,ちょうどこの曲線の接線の勾配を与えるベクトルとなっている.

すなわち,X 上の曲線 γ には,内在的な意味での接線を引くわけにはいかないし,またそのような概念を直接附与するわけにもいかないが,局所座標写像を通して,$\mathbf{R}^k$ の曲線として表現すると,表現された曲線上では,接線を引くことができ,またその勾配は $d\gamma/dt(0)_\varphi$ として与えられるのである.φ 画面から ψ 画面へ移れば,それぞれの接線の勾配は,ヤコビ行列で移りあっている.

しかし考えてみると,多様体上の滑らかさに関係する概念は,すべて,局所座標による表現を通して得られていた

1. 微分すること

はずである．してみれば，X から送られてきた γ の映像を，どの画面で見ても接線が引け，接線の勾配を示すベクトルが決まるということは，すでに γ の内在的な性質として，接線ベクトルが存在していると考えてよいのではなかろうか．

このような表現の意味を十分把握すれば，γ の $t=0$ における接ベクトルとは，次のようなものだと大胆に定義してしまってよいだろう．それは，γ の映像が現われると同時に，x_0 における速度表示板に一斉に現われるベクトルのことである．

1 つの φ 画面の上の速度表示板には，$d\gamma/dt(0)_\varphi$ が現われるが，このベクトルがわかれば，別の ψ 画面上にある速度表示板には，$d\gamma/dt(0)_\varphi$ をヤコビ行列 $J(\psi/\varphi)(x_0)$ で変換したものが現われている．このように，相互にヤコビ行列で移りあっている速度表示によって，γ の $t=0$ における接ベクトルが決まったと考えるのである．

さて，このようにして得られた γ の $t=0$ における接ベクトルという概念を，さらに多様体に固有な概念となるように昇華させていこう．それは次のような考えによっている．滑らかな曲線 γ の接ベクトルは，1 つの局所座標をとっておく限り，その速度表示板に指示されたベクトルとして姿を現わすが，逆に速度表示板に任意に与えられたベクトルは，何を示すと考えたらよいだろうか．たとえば，φ 局所座標をとったとき，x_0 の映像の場所での速度表示板に

$$\boldsymbol{a} = \begin{bmatrix} a^1 \\ a^2 \\ \vdots \\ a^k \end{bmatrix}$$

というベクトルが与えられたとする．$\boldsymbol{a}$ は何を示していると考えるのが自然だろうか．φ 画面にある曲線 $\gamma_\varphi(t)$ で（$\gamma_\varphi(0)=\varphi(x_0)$ とする），その $t=0$ における接ベクトルは，ちょうど $\boldsymbol{a}$ で与えられるものが存在する．たとえば $\gamma_\varphi(t)$ として，φ 画面の中での直線

$$\gamma_\varphi(t) = (a^1 t,\, a^2 t,\, \cdots,\, a^k t)$$

をとっておくとよい．これを φ^{-1} で戻せば，X の曲線 γ が得られるだろう．そうすれば

$$\frac{d\gamma}{dt}(0)_\varphi = \boldsymbol{a}$$

となってくる．すなわち，$\boldsymbol{a}$ はやはり，X のある曲線の x_0 における接ベクトルを表わしていると考えられる．また，別の ψ 画面をとれば，

$$\boldsymbol{b} = J(\psi/\varphi)(x_0)\cdot\boldsymbol{a}$$

の関係で得られる $\boldsymbol{b}$ が，ψ 画面上の速度表示板で，$\boldsymbol{a}$ と同じものを表わすベクトルとなっている．

このような考察を背景にして，次の定義をおく．

定義 k 次元多様体 X の1点 x_0 が与えられたとする．x_0 のまわりの各局所座標 φ に対して，$\boldsymbol{R}^k$ のベクトル $\boldsymbol{a}_\varphi$

が決まって, x_0 のまわりの2つの局所座標 φ, ψ に対して
$$\boldsymbol{a}_\psi = J(\psi/\varphi)(x_0) \cdot \boldsymbol{a}_\varphi$$
なる関係が成り立っているとき,
$$\{\boldsymbol{a}_\varphi | \varphi は x_0 のまわりの局所座標\}$$
は, 全体として点 x_0 における1つの**接ベクトル** ξ を決めるという.

(この定義の中で, 局所座標と局所座標写像を区別しないで書いた.)

接ベクトル ξ は $\{\boldsymbol{a}_\varphi\}$ の全体で決まるが, 実際は1つの $\boldsymbol{a}_\varphi$ を与えておけば, あとの $\boldsymbol{a}_\psi$ は上の関係から自動的に決まってくるのである. すなわち, 各 φ 画面上の表示板に与えられたベクトル $\boldsymbol{a}_\varphi$ は, ヤコビ行列で移りあうという関係で同一視される. したがって, 比喩的にいえば, それら全部を糊づけして, 1つの対象が得られるだろう. それを接ベクトル ξ とよぼうというのである.

点 x_0 における接ベクトルの全体を
$$T(X)_{x_0}$$
と表わす. $T(X)_{x_0}$ の元 ξ は抽象的だが, 局所座標を1つとれば, ξ はつねに姿を現わし, $\boldsymbol{R}^k$ のベクトルとして表現される (図96).

2つの接ベクトル ξ, η が与えられたとしよう. ξ, η を x_0 のまわりの各局所座標によって表現したものを, ひとまとめにして

図96

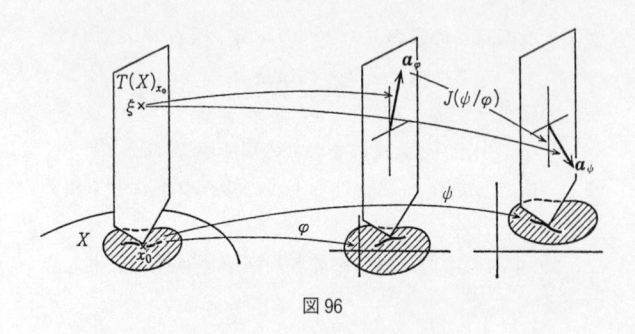

$$\xi = \{\boldsymbol{a}_\varphi\}, \quad \eta = \{\boldsymbol{b}_\varphi\}$$

と書いておこう．$\boldsymbol{a}_\varphi$, $\boldsymbol{b}_\varphi$ は，$\boldsymbol{R}^k$ のベクトルだから加えることができるが，$\boldsymbol{a}_\varphi + \boldsymbol{b}_\varphi$ をヤコビ行列 $J(\psi/\varphi)(x_0)$ で移したものは，（行列で与えられた写像の線形性から）ちょうど $\boldsymbol{a}_\psi + \boldsymbol{b}_\psi$ となっている．そのことは，

$$\{\boldsymbol{a}_\varphi + \boldsymbol{b}_\varphi\}$$

という集まりが，相互にヤコビ行列で移りあっていることを意味し，したがってまた1つの接ベクトルを与えていると考えられる．この接ベクトルを

$$\xi + \eta$$

と表わそう．同じようにして，実数 α に対して，ξ の α 倍 $\alpha\xi$ を考えることができる．したがって，$T(X)_{x_0}$ の中では，加法と，実数をかけることが定義された．その意味で，$T(X)_{x_0}$ はベクトル空間の構造をもっている．このベクトル空間の構造をもっとはっきりと確かめたいのなら，x_0 の

まわりの1つの局所座標 φ をもってくるとよい．そのとき $\xi \to \boldsymbol{a}_\varphi$ の対応によって，$T(X)_{x_0}$ は，ベクトル空間として，そっくりそのままの構造を保って $\boldsymbol{R}^k$ に移されている．特に $T(X)_{x_0}$ は k 次元のベクトル空間である．$T(X)_{x_0}$ を x_0 における X の**接空間**という．

ξ を点 x_0 における接ベクトルとし，x_0 のまわりの2つの局所座標 $\{\varphi ; (x^1, \cdots, x^k)\}, \{\psi ; (y^1, \cdots, y^k)\}$ をとって，ξ のこれらの局所座標による表示を

$$\boldsymbol{a}_\varphi = \begin{bmatrix} a^1 \\ a^2 \\ \vdots \\ a^k \end{bmatrix} \quad \boldsymbol{a}_\psi = \begin{bmatrix} b^1 \\ b^2 \\ \vdots \\ b^k \end{bmatrix}$$

とする．そのとき，X 上の滑らかな関数 f に対してつねに

$$a^1 \frac{\partial f}{\partial x^1}(x_0) + a^2 \frac{\partial f}{\partial x^2}(x_0) + \cdots + a^k \frac{\partial f}{\partial x^k}(x_0)$$
$$= b^1 \frac{\partial f}{\partial y^1}(x_0) + b^2 \frac{\partial f}{\partial y^2}(x_0) + \cdots + b^k \frac{\partial f}{\partial y^k}(x_0)$$

が成り立つことがわかる．このことは，前に注意したように，X 上の適当な曲線 γ をとると

$$\frac{d\gamma}{dt}(0)_\varphi = \boldsymbol{a}_\varphi, \quad \frac{d\gamma}{dt}(0)_\psi = \boldsymbol{a}_\psi$$

が成り立つことと，(8)（とその後の注意）から示されることである．したがって，接ベクトル ξ が与えられたとき，x_0 のまわりの各局所座標に，たとえば φ 局所座標には

$$a^1\frac{\partial}{\partial x^1}+a^2\frac{\partial}{\partial x^2}+\cdots+a^k\frac{\partial}{\partial x^k}$$

を与えておくというようにしておくと，これらの微分作用素は，上の意味で，点 x_0 での局所座標のとり方によらない．対応

$$\xi\longrightarrow\left\{a^1\frac{\partial}{\partial x^1}+a^2\frac{\partial}{\partial x^2}+\cdots+a^k\frac{\partial}{\partial x^k}\right\}$$

は1対1だから，どんな f に対しても

$$a^1\frac{\partial f}{\partial x^1}(x_0)+a^2\frac{\partial f}{\partial x^2}(x_0)+\cdots+a^k\frac{\partial f}{\partial x^k}(x_0)$$

を

$$\xi(f)$$

と書いてもよいだろう．すなわち，点 x_0 で接ベクトル ξ を与えるということは，x_0 で滑らかな関数を微分する1つの規則を与えていることになる．あるいは接ベクトル ξ は，微分する'方向'を与えているといった方が実感があるかもしれない．

X 上の関数を点 x_0 で微分するということを考えてみようとすれば，x_0 のまわりの局所座標をとって，実際何らかの意味で微分して値を求めなければいけないだろう．そのとき，どの局所座標をとって微分して値を求めてみても，結局いつも同じ値であるというような状況を設定することができるならば，それは，多様体 X 上での，点 x_0 における微分に相当する概念を与えていると考えてもよいことにな

るだろう．接ベクトルという概念は，このような考えに基づいて得られている．

微分という具体的な演算と結びついた概念は，多様体上では，接ベクトルという，抽象的ではあるが幾何学的な色合いをもつ概念に置きかわってきた．ここでも1つの概念が，抽象の世界と表現の世界を往き来している．

接ベクトルは，偏微分係数を求める演算に対応しているとすれば，偏導関数を与える概念に対応するものは，多様体上でどのように定式化したらよいだろうか．次節では，このことをしだいに導き出していくことにしよう．

2. 接空間から接束へ

この節でも前節と同じく，X は k 次元の多様体とする．$x_0 \in X$ に対して，前節で与えたベクトル空間 $T(X)_{x_0}$ を x_0 における X の**接空間**とよぶことにする．$T(X)_{x_0}$ は k 次元のベクトル空間である．

いま点 x_0 を X の上にいろいろと動かしてみる．x_0 を動かす感じをはっきりさせるために，x_0 を x と書き直しておくと，X の各点 x に，x における接空間 $T(X)_x$ が対応してくることになる．X の点をパラメーターのように思うと，多様体上の動点 x の動きにつれて，点 x に附随していた k 次元のベクトル空間 $T(X)_x$ が動き出してくる．

私たちは，いままで，ユークリッド空間やベクトル空間は常に静止している場であると感じてきた．古典的な数学

の場であったこのような空間は,いまは多様体の上に,接空間として,動く場となって現われてきた.そして,多様体の各点に与えられた接空間は,全体としてまた1つの新しい場を提供してくるだろう.幾何学的対象と思われていた多様体は,ここでは新しい場を構成し,その場を動かしていく力を内蔵していたような感を呈してくる.

X の各点に密着しながら,X 全体にわたって分布しているこの接空間の全体を,私たちはどのように把握していったらよいのだろうか.

いま X の局所座標系 $\{V_\alpha, \varphi_\alpha\}_{\alpha \in A}$ を1つ与えておこう.局所座標近傍 V_α の各点 x に,接空間 $T(X)_x$ が対応している.$T(X)_x$ の元は,φ_α 速度の成分として

$$\tag{10} \boldsymbol{a}_\alpha = \begin{bmatrix} a_\alpha{}^1 \\ a_\alpha{}^2 \\ \vdots \\ a_\alpha{}^k \end{bmatrix}$$

という形で与えられている.($\boldsymbol{a}_{\varphi_\alpha}$ と書くべきところを,$\boldsymbol{a}_\alpha$ と簡単に書いてある.)前節では点 x_0 はとめて考えていたが,今度は点 x は動くので,対(つい)として

$$\tag{11} (x, \boldsymbol{a}_\alpha)_\alpha$$

と書いた方がはっきりする.添字 α は,$x \in V_\alpha$ を示すと同時に,$\boldsymbol{a}_\alpha$ が局所座標 φ_α によって(10)のように表わされていることも示している.この対(つい)は,局所座標を使って具体的に書くと

(12) $$(x, \boldsymbol{a}_\alpha)_\alpha \longrightarrow \left((x_\alpha^1, x_\alpha^2, \cdots, x_\alpha^k), \begin{bmatrix} a_\alpha^1 \\ a_\alpha^2 \\ \vdots \\ a_\alpha^k \end{bmatrix} \right)$$

となっている.右辺の表示は,前節のように,φ_α 画面に映された x の映像と,x に入ってくる曲線の,φ_α 画面でキャッチされた速度表示を表わしていると考えてよい.

$x \in V_\alpha \cap V_\beta$ のとき,x は,φ_α 画面と φ_β 画面で映される.点 x のこの 2 つの映像

$$(x_\alpha^1, x_\alpha^2, \cdots, x_\alpha^k), \quad (x_\beta^1, x_\beta^2, \cdots, x_\beta^k)$$

は,局所座標変換

(13) $\quad x_\beta^i = x_\beta^i(x_\alpha^1, x_\alpha^2, \cdots, x_\alpha^k), \quad i = 1, 2, \cdots, k$

で結ばれている.他方,この映像によって測られる点 x における曲線の 2 つの速度表示(接ベクトル!)

$$\boldsymbol{a}_\alpha = \begin{bmatrix} a_\alpha^1 \\ a_\alpha^2 \\ \vdots \\ a_\alpha^k \end{bmatrix}, \quad \boldsymbol{a}_\beta = \begin{bmatrix} a_\beta^1 \\ a_\beta^2 \\ \vdots \\ a_\beta^k \end{bmatrix}$$

は,ヤコビ行列の変換 $J(\varphi_\beta/\varphi_\alpha)(x)$ で結ばれている:

(14) $\qquad \boldsymbol{a}_\beta = J(\varphi_\beta/\varphi_\alpha)(x) \cdot \boldsymbol{a}_\alpha.$

私たちはここで次のように考えよう.φ_α 画面の各点 $x \in V_\alpha$ の上に,新しい'速度表示板'という画面 $\boldsymbol{R}^k$ がつけ加えられた.私たちは,もう速度表示板というよりは,接空間 $T(X)_x$ の表示板といった方がよいかもしれない.

したがって，このようにして得られた画面の上の映像は(12)のように表示されている．$x \in V_\alpha \cap V_\beta$ のとき，この映像は φ_β による画面，正確には $(\varphi_\beta, T(M)_x$ の φ_β による表示)-画面にも映し出されるが，これは，それぞれ(13), (14)の関係によって結ばれている．私たちは逆に，このような関係によって結ばれている2つの画面上の映像は，同じものの像であるといいたいのである．

しかし，この像はどこから送られてくると考えたらよいのだろうか．ここに多様体の構成に関する全く新しい観点が生じてくる．私たちは，いままで多様体は，何らかの意味で，幾何学的場としてすでに提示されており，それを局所座標という表現によって調べようとする立場をとってきた．だが，私たちの手に，最初に，表現された像の方がまず与えられるということもあるはずである．そのとき，表現されるべき主体は，その表現の中から浮かび上り，表現の中から明確な姿を現わしてくるに違いない．これは確かに抽象といったはたらきではない．表現するものと，表現されるものが，一体となってはたらき出すような，全く新しい世界のことである．

私たちの場合は，この考え方は，次のように適用されることになる．まず集合として

$$V_\alpha \times \mathbf{R}^k \quad (\alpha \in A)$$

の全体 Z を考えよう．$V_\alpha \times \mathbf{R}^k$ は，V_α と $\mathbf{R}^k$ の直積集合とよばれるものであって，その元は，V_α の元 x と $\mathbf{R}^k$ の元 $\mathbf{a}$

との対から成っている．したがって，$V_\alpha \times \boldsymbol{R}^k$ の元は，添字 α をはっきり示しておくと，(11)のように表示されているとしてよい．$V_\alpha \times \boldsymbol{R}^k (\alpha \in A)$ は，まだ，いわば，ばらばらにおかれている．その意味は，$\alpha \neq \beta$ ならば，$V_\alpha \times \boldsymbol{R}^k$ と $V_\beta \times \boldsymbol{R}^k$ とは全く別のものだと考えていることであって，いままでのたとえでいえば，モニター室に，α 番目の画面が $V_\alpha \times \boldsymbol{R}^k$ であるような画面が，ずっと配列されていると考えている．この意味で

$$Z = \bigcup_{\alpha \in A} (V_\alpha \times \boldsymbol{R}^k) \quad (\text{和集合！})$$

と表わされる．

次に，Z のいくつかの元は同じものだと思って貼り合わせる操作をしよう．この操作は，$V_\alpha \times \boldsymbol{R}^k$ 画面と，$V_\beta \times \boldsymbol{R}^k$ 画面の上に，表現された形は違っても，それらが '1つのもの' の像であると認められているときには，その表現されたものを同じものと考えることにより，その '1つのもの' を抽出していこうという考えによっている．

Z から2つの元 u, v をとろう．

$$u \in V_\alpha \times \boldsymbol{R}^k, \quad v \in V_\beta \times \boldsymbol{R}^k$$

とし，

$$u = (x, \boldsymbol{a}_\alpha)_\alpha, \quad v = (y, \boldsymbol{a}_\beta)_\beta$$

と表わされているとする．そのとき，u と v を同じと見なす関係 $\sim$ を

(15) $\quad u \sim v \iff V_\alpha \cap V_\beta \neq \emptyset$ で,
$$x = y\ ;\ \boldsymbol{a}_\beta = J(\varphi_\beta/\varphi_\alpha)(x) \cdot \boldsymbol{a}_\alpha$$
によって定義しよう．右に書いたのが定義となっている．すなわち，u と v が等しいというのは，まず u と v が，X の同じ点 x を映していることであり，次に，$\boldsymbol{a}_\alpha$ と $\boldsymbol{a}_\beta$ が，接ベクトルの場合と全く同じ関係で結ばれているということである．

このような Z の点の同一視で得られた空間を Y とおこう：
$$Y = Z/\sim.$$
Y について，また少し説明を加えておく．Y は，Z の点で $\sim$ の関係にあるものを，すべて貼り合わせてしまったものと考えてもよい．あるいは，モニターが，各画面 $V_\alpha \times \boldsymbol{R}^k$ に映った映像の中から，$\sim$ の関係によって各画面をつなぎ合わせ，全体として，送られてきた1つの映像を再現したものと思ってもよい．図としては，図97のようなものを頭においておけばよいだろう．

貼り合わせが同相写像だったから，貼り合わすときに，近さの関係は保たれている．そのことから Y が，$V_\alpha \times \boldsymbol{R}^k$ の近さを保っている形で，位相空間となっていることがわかる．実際はそういうよりは，図97を見ながら，'箱' $V_\alpha \times \boldsymbol{R}^k$ が糊づけされて，1つの空間をつくっていく様子を想像している方がよい．

Y は，位相空間としてはハウスドルフ空間にもなってい

図97

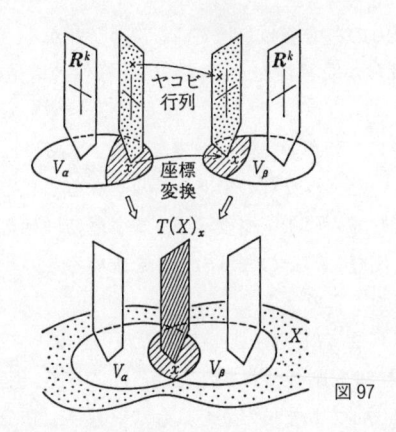

るが,さらに多様体の構造ももっている.それをみるには,箱 $'V_\alpha \times \mathbf{R}^k$ を糊づけして得られた Y から,再び糊を削り落とし,1つ1つの箱を取り出してみるとよいのである.各々の箱 $'V_\alpha \times \mathbf{R}^k$ がちょうど Y の局所座標を与えている.ここで $V_\alpha \times \mathbf{R}^k$ は $\mathbf{R}^{2k}$ の開集合だと考えている.Y の点 x は,局所座標により

$$(x_\alpha^1, x_\alpha^2, \cdots, x_\alpha^k, \boldsymbol{a}_\alpha)$$

と $2k$ 個の座標で表わされている.また $x \in V_\alpha \cap V_\beta$ のとき,x は $V_\beta \times \mathbf{R}^k$ による別の局所座標表示

$$(x_\beta^1, x_\beta^2, \cdots, x_\beta^k, \boldsymbol{a}_\beta)$$

をもつが,この2つの表示は'糊'で貼られていた場所であったことに注意すると,この2つの局所座標の変換則

は，(15)の右で表わされていることがわかる．これらはともに滑らかな写像だから，Y に多様体の構造が導入された．

しかし，Y が多様体となることは，すでにはじめからわかっていたようなものである．なぜなら，Y の構成は，多様体としての局所座標表示が，まず最初に与えられたところから出発し，その表示の本体を求めるというように進んでいったからである．

多様体 X の各点 x 上で(15)の規則によって貼り合わされた $\boldsymbol{R}^k$ は，貼り合わされたことによって，座標軸という概念を失ってしまったから，もはや $\boldsymbol{R}^k$ とはいえないが，k 次元のベクトル空間の構造はもっている．貼り合わせ方は接ベクトルの場合と同じだから，貼り合わせることによって得られた空間は，実は，点 x における接空間 $T(X)_x$ そのものとなっている．

このようにして，X の各点 x に与えられた接空間 $T(X)_x$ は，貼り合わされて，新しい多様体 Y をつくるに至った．

定義 Y を X の**接束**（tangent bundle）といい，$T(X)$ で表わす．

$T(X)$ の点 p を，局所座標を用いて $(x, \boldsymbol{a}_\alpha)_\alpha$ と表わしたとき，p に x を対応させる対応は局所座標のとり方によらないから，この対応によって，接束 $T(X)$ から X の上への

写像が導かれる．この写像は滑らかな写像である．この写像をπで表わし，πを$T(X)$からXへの射影という．このとき，πによって，Xの点xに移されるもの全体が，ちょうどxの接空間$T(X)_x$となっている（図98）．

接束$T(X)$は，接ベクトルという概念から得られたが，接ベクトルという概念は，微分という概念によっている．微分とは，各点の，点の深さを尋ねていくようなものだと，第3章で述べたが，点の深さという観点は，接束でははっきりと，次元を高めていくという観点におきかえられ，k次元の多様体Xから，$2k$次元の多様体$T(X)$が構成されてきた．微分という概念に含まれている全部では無論ないとしても，その中のあるものは，このようにして，X上のさらに高次元の幾何学的対象$T(X)$の中に繰りこまれてきた．読者はここで，本書の冒頭で，必要ならば次元を高めることによって，自由度の多くなる対象も，幾何学的に把握することができるという考えを読まれたことを想起されるかもしれない．多様体のもつ重要な意味は，このよう

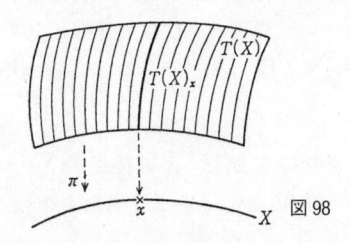

図98

な考えが,多様体という場を通すことにより,数学の諸分野で,実際具現化されてくるところにある.多様体は,その本質において自由な場なのである.

さて,接束 $T(X)$ が構成されたならば,X 上の滑らかな関数 f に対して,ユークリッド空間上での偏導関数という概念が,どのような形で対応してくるかを知ることは,難かしいことではなくなってくる.前節で述べたように,1点 x で,x における接ベクトル ξ_x が与えられれば,$f \in C^\infty(X)$ に対して,'ξ_x 方向'の微係数

$$\xi_x(f)$$

が決まる.もしこの微係数が,x とともに滑らかに変化するような対応 $x \to \xi_x$ が定義されれば,$\xi_x(f)$ の値は,今度は x の滑らかな関数となって,1つの偏導関数が生まれてきたと考えてよくなってくるだろう.したがって各点 $x \in X$ に対して,接空間 $T(X)_x$ の元を,x に関して滑らかに従属するように対応させるには,どのようにしたらよいかということになる.それには,多様体 X から接束 $T(X)$ への滑らかな写像 η で,$\eta(x) \in T(X)_x$ となるものを与えておくとよい.最後の条件は,射影 π を使えば,$\pi \circ \eta(x) = x$ と書いても同じことである.そこで次の定義をおこう.

定義 多様体 X から,X の接束 $T(X)$ への滑らかな写像 η が与えられ,$\pi \circ \eta(x) = x$ を満たすとき,η を X 上のベ

クトル場という．

ベクトル場 η が与えられれば，$f \in C^\infty(X)$ に対して $\eta(f) \in C^\infty(X)$ が得られる．各点 x に対して，$\eta(f)$ の x における値 $\eta(f)(x)$ を求めるには，x のまわりの局所座標を用いて，η を接ベクトルとして表現しておいて，それで f を微分するとよい．

多様体 X を，ユークリッド空間の中にうめこんで実現しておけば，局所座標はユークリッド空間の座標から得られ，接ベクトルは，その点に入る曲線の接線ベクトルとして得られている．したがってこのようなときには，ベクトル場は，曲面上で接線ベクトルが滑らかに変っていくような形で図示されることが多い（図99）．この図を見ると，ベクトル場とは，まるで曲面の上に砂鉄を撒いて，それに磁石で向きを与えたように見える．このようなとき，私たちは，砂鉄の細かい向きが指示する方向を伝っていくことにより磁力線が描けることを知っている．

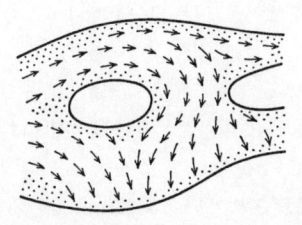

図99

多様体上でも，ベクトル場が与えられれば，そこから多様体上に'流れ'が決まってくることが知られている．しかしこの説明には微分方程式の知識がいるので，ここでは省略しよう．

3. 接束からベクトル束へ

多様体 X が与えられたとき，X の上に接束を構成していく前節の考え方は，実は特別なものではなく，多様体にとって，むしろ固有な考え方であるといってよいのである．

このことを述べる前に，接束といろいろな面でよく似た様子を示している余接束が，どのようにして生まれてくるかをみておこう．

X を k 次元の多様体とする．X の局所座標系を1つとって，それを $\{V_\alpha, \varphi_\alpha\}_{\alpha \in A}$ とする．V_α の点 x は，局所座標写像 φ_α によって，
$$x = (x_\alpha^1, x_\alpha^2, \cdots, x_\alpha^k)$$
と表わされているとする．いま，X 上の滑らかな関数 f が与えられたとしよう．f は，V_α 上では，この表示を用いて
$$f(x_\alpha^1, x_\alpha^2, \cdots, x_\alpha^k)$$
と表わされている．前にも述べたように，これは略記法であって，このように書いたときには，実際は，f は V_α 上の関数と考えているわけではなく，モニター室の画面 $\varphi_\alpha(V_\alpha)$ 上で定義されている関数とみているわけである．

$\varphi_\alpha(V_\alpha)$ は $\boldsymbol{R}^k$ の開集合だから,この関数の偏導関数

(16) $$\left(\frac{\partial f}{\partial x_\alpha^{\ 1}},\ \frac{\partial f}{\partial x_\alpha^{\ 2}},\ \cdots,\ \frac{\partial f}{\partial x_\alpha^{\ k}} \right)$$

を,$\varphi_\alpha(V_\alpha)$ の各点で考えることができる.

この状況を説明するために,各 φ_α 画面の各点に,今度は'偏導関数表示板'をつけておく.この表示板は $\boldsymbol{R}^k$ であって,表示板の値は,前のように縦ベクトルとして表示しておくことにしよう.X 上の滑らかな関数 f が与えられると,各 φ_α 画面の各点の上におかれているこの表示板に,(16)で示されるようなベクトルが,縦ベクトルとして表示されてくる(図100).f が与えられると,連動して,各 φ_α 画面上にある表示板にも,各点ごとに縦ベクトルが表

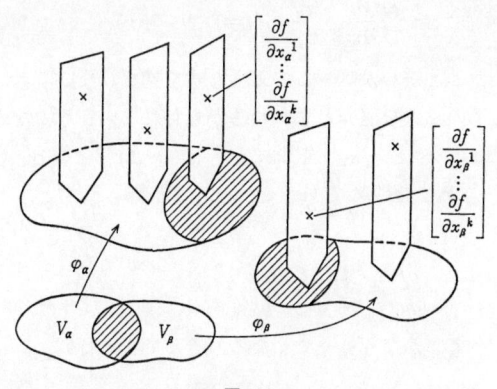

図100

示されてくるが,モニターは,φ_α 画面上に表示されている縦ベクトルと,φ_β 画面上に表示されている縦ベクトルとは,$V_\alpha \cap V_\beta \neq \emptyset$ のとき重なり目で,かなり異なった形で表示されていることに気がつく.この2つの縦ベクトルは,どのような関係で結びつけられているのだろうか.

それをみるために,$x \in V_\alpha \cap V_\beta$ とする.$x \in V_\beta$ と考えれば,x は局所座標 $\{V_\beta, \varphi_\beta\}$ の表示によって
$$x = (x_\beta^1, x_\beta^2, \cdots, x_\beta^k)$$
と表わされ,したがって f は
$$f(x_\beta^1, x_\beta^2, \cdots, x_\beta^k)$$
と表わされる.偏導関数の演算に関する結果を使うと,
$$\begin{aligned}\frac{\partial f}{\partial x_\beta^i} &= \frac{\partial f}{\partial x_\alpha^1}\frac{\partial x_\alpha^1}{\partial x_\beta^i} + \frac{\partial f}{\partial x_\alpha^2}\frac{\partial x_\alpha^2}{\partial x_\beta^i} + \cdots + \frac{\partial f}{\partial x_\alpha^k}\frac{\partial x_\alpha^k}{\partial x_\beta^i} \\ &= \sum_{j=1}^k \frac{\partial f}{\partial x_\alpha^j}\frac{\partial x_\alpha^j}{\partial x_\beta^i} \quad (i=1, 2, \cdots, k)\end{aligned}$$
となることがわかる.このような式を見なれない読者は,上と下の添数を厄介と思われるかもしれない.そのためには,$(x_\alpha^1, x_\alpha^2, \cdots, x_\alpha^k)$ を単に $(x^1, x^2, \cdots, x^k)$ と書き,$(x_\beta^1, x_\beta^2, \cdots, x_\beta^k)$ を改めて $(y^1, y^2, \cdots, y^k)$ と書き直すと,上式は

(17) $$\frac{\partial f}{\partial y^i} = \sum_{j=1}^k \frac{\partial f}{\partial x^j}\frac{\partial x^j}{\partial y^i} \quad (i=1, 2, \cdots, k)$$

となって,かなり見やすくなる.そこで正方行列

$$\begin{bmatrix} \dfrac{\partial x^1}{\partial y^1} & \dfrac{\partial x^2}{\partial y^1} & \cdots & \dfrac{\partial x^k}{\partial y^1} \\ \dfrac{\partial x^1}{\partial y^2} & \dfrac{\partial x^2}{\partial y^2} & \cdots & \dfrac{\partial x^k}{\partial y^2} \\ \vdots & & \cdots\cdots & \\ \dfrac{\partial x^1}{\partial y^k} & \dfrac{\partial x^2}{\partial y^k} & \cdots & \dfrac{\partial x^k}{\partial y^k} \end{bmatrix}$$

を考える.この正方行列の成分の配列が少しおかしいと思うのは,この行列は,ちょうど y から x への局所座標変換のヤコビ行列 $J(\varphi_\alpha/\varphi_\beta)$ の,行(たて)と列(よこ)を取りかえたものになっているからである.一般に,行列 A の行と列を取りかえたものを,A の転置行列といって,線形代数では ${}^t\!A$ と表わすのが慣習である.この慣習にしたがえば,上の正方行列は

$${}^t\!J(\varphi_\alpha/\varphi_\beta)(x)$$

と表わされる.そのとき(17)は,これも線形代数の慣用にしたがって

$$\begin{bmatrix} \dfrac{\partial f}{\partial y^1} \\ \dfrac{\partial f}{\partial y^2} \\ \vdots \\ \dfrac{\partial f}{\partial y^k} \end{bmatrix} = {}^t\!J(\varphi_\alpha/\varphi_\beta)(x) \begin{bmatrix} \dfrac{\partial f}{\partial x^1} \\ \dfrac{\partial f}{\partial x^2} \\ \vdots \\ \dfrac{\partial f}{\partial x^k} \end{bmatrix}$$

と表わされる.

すなわち,これでモニターは,各 φ_α 画面上にある '偏導関数表示板' の変換則がわかったのである.

このような変換の規則がわかれば,先に述べた考えにしたがえば,

$$\begin{bmatrix} \dfrac{\partial f}{\partial x^1} \\ \dfrac{\partial f}{\partial x^2} \\ \vdots \\ \dfrac{\partial f}{\partial x^k} \end{bmatrix}$$

という表示に意味があるような表現の場は,次のように構成するとよい.接束の構成のときと同様に,まず,集合

$$\bigcup_{\alpha \in A}(V_\alpha \times \boldsymbol{R}^k)$$

を考える.この元 u が $V_\alpha \times \boldsymbol{R}^k$ に属しているとき,
$$u = (x, \boldsymbol{b}^\alpha)_\alpha$$
と表わそう.ここで,$x \in V_\alpha$ で

$$\boldsymbol{b}^\alpha = \begin{bmatrix} b_1{}^\alpha \\ b_2{}^\alpha \\ \vdots \\ b_k{}^\alpha \end{bmatrix}$$

は $\boldsymbol{R}^k$ の元である.v を $V_\beta \times \boldsymbol{R}^k$ の元として,$v=(y, \boldsymbol{b}^\beta)_\beta$

3. 接束からベクトル束へ

と表わされているとする.そのとき u と v を同じと見なす関係 $\approx$ を

$$u \approx v \iff V_\alpha \cap V_\beta \neq \emptyset \text{ で,}$$
$$x = y\; ;\; \boldsymbol{b}^\beta = {}^t J(\varphi_\alpha/\varphi_\beta)(x) \cdot \boldsymbol{b}^\alpha$$

によって定義する.

そのとき,$\bigcup_{\alpha \in A}(V_\alpha \times \boldsymbol{R}^k)$ の元を,この関係で同一視することにより,新しい空間 $T^*(X)$ が得られる:

$$T^*(X) = \bigcup_{\alpha \in A}(V_\alpha \times \boldsymbol{R}^k)/\approx.$$

接束のときと全く同様に考えることにより,$T^*(X)$ は,多様体の構造をもつことがわかる.また $T^*(X)$ から X への射影 π が存在することも,接束のときと同様である.π によって X の1点 x に移るような $T^*(X)$ の元全体を,$T^*(X)_x$ と書き,点 x における**余接空間**という(図101).

定義 $T^*(X)$ を X の**余接束**(cotangent bundle)という.

余接束をこのように構成しておけば,$x \in V_\alpha$ のとき,

$$\left(\frac{\partial f}{\partial x_\alpha{}^1},\ \frac{\partial f}{\partial x_\alpha{}^2},\ \cdots,\ \frac{\partial f}{\partial x_\alpha{}^k}\right)$$

は,(縦ベクトルとして書き直せば)点 x における余接空間の要素を与えていると考えることができる.余接束の要素は,必ず

$$(x,\ \boldsymbol{b}^\alpha)_\alpha$$

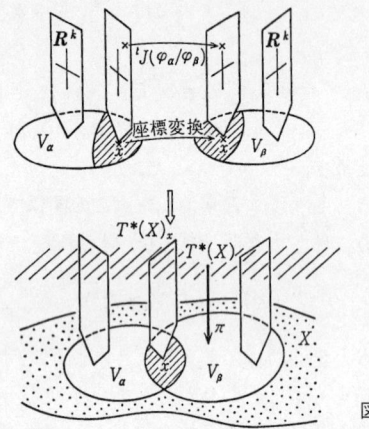

図 101

のように表わすことができるが，このとき特に

$$\boldsymbol{b}^\alpha = \begin{bmatrix} 0 \\ \vdots \\ 0 \\ 1 \\ 0 \\ \vdots \\ 0 \end{bmatrix} (i \quad (i=1, 2, \cdots, k)$$

と表わされる要素を，$dx_\alpha{}^i$ と書くことにしよう．そのとき

$$\left(x, \begin{bmatrix} \dfrac{\partial f}{\partial x_\alpha{}^1} \\ \dfrac{\partial f}{\partial x_\alpha{}^2} \\ \vdots \\ \dfrac{\partial f}{\partial x_\alpha{}^k} \end{bmatrix}_\alpha \right)$$

$$= \left(x, \left(\dfrac{\partial f}{\partial x_\alpha{}^1}\begin{bmatrix}1\\0\\0\\ \vdots \\0\end{bmatrix} + \dfrac{\partial f}{\partial x_\alpha{}^2}\begin{bmatrix}0\\1\\0\\ \vdots \\0\end{bmatrix} + \cdots + \dfrac{\partial f}{\partial x_\alpha{}^k}\begin{bmatrix}0\\0\\ \vdots \\0\\1\end{bmatrix}\right)\right)$$

$$= \left(x,\ \dfrac{\partial f}{\partial x_\alpha{}^1}dx_\alpha{}^1 + \dfrac{\partial f}{\partial x_\alpha{}^2}dx_\alpha{}^2 + \cdots + \dfrac{\partial f}{\partial x_\alpha{}^k}dx_\alpha{}^k \right)$$

と表わすことができる．x をはぶいて，

$$\dfrac{\partial f}{\partial x_\alpha{}^1}dx_\alpha{}^1 + \dfrac{\partial f}{\partial x_\alpha{}^2}dx_\alpha{}^2 + \cdots + \dfrac{\partial f}{\partial x_\alpha{}^k}dx_\alpha{}^k \in T^*(X)_x$$

と考えてよい．

このようにして，f の偏導関数の組は，実数値をとる関数と考えると X 上で意味を失うが，余接空間の値をとると考えれば，意味をもってくるのである．点 $x \in X$ に対して，

$$\dfrac{\partial f}{\partial x_\alpha{}^1}dx_\alpha{}^1 + \dfrac{\partial f}{\partial x_\alpha{}^2}dx_\alpha{}^2 + \cdots + \dfrac{\partial f}{\partial x_\alpha{}^k}dx_\alpha{}^k$$

を対応させる対応（全微分の一般化！）は，X から $T^*(X)$ への写像と考えることができる．これを df と書き，**f の微分**という．

一般に，このような X から $T^*(X)$ への滑らかな写像 ω で，$\pi \circ \omega(x) = x$ をみたすものを，X 上の 1 次の**微分形式**という．

接束のときと同じような議論をくり返すのが煩わしかったので，上の説明は多少簡単に済ませておいた．実際，接束と余接束の構成法は類似している．接束の構成で，貼り合わせとしてヤコビ行列 $J(\psi/\varphi)$ を用いたところを，${}^t J(\varphi/\psi)$ で置きかえてしまえば余接束が得られる．

なお，接束と余接束との直接の関係は，次のようになっている．点 x_0 における接ベクトル $\xi (\in T(X)_{x_0})$ と，余接空間 $T^*(X)_{x_0}$ の元 η をとる．x_0 のまわりの局所座標 φ_α をとっておくと

$$\xi = \left(x_0, \begin{bmatrix} a_\alpha{}^1 \\ a_\alpha{}^2 \\ \vdots \\ a_\alpha{}^k \end{bmatrix}\right), \quad \eta = \left(x_0, \begin{bmatrix} b_1{}^\alpha \\ b_2{}^\alpha \\ \vdots \\ b_k{}^\alpha \end{bmatrix}\right)$$

と表わされる．このとき，ξ と η の φ_α 座標によるこの各成分を掛けて加えた和

$$\sum_{i=1}^{k} a_\alpha{}^i b_i{}^\alpha = a_\alpha{}^1 b_1{}^\alpha + a_\alpha{}^2 b_2{}^\alpha + \cdots + a_\alpha{}^k b_k{}^\alpha$$

は，実は，x_0 のまわりの局所座標のとり方によらないのである．すなわち，別の φ_β 座標による ξ と η の成分

$$\begin{bmatrix} a_\beta{}^1 \\ a_\beta{}^2 \\ \vdots \\ a_\beta{}^k \end{bmatrix} \quad \text{と} \quad \begin{bmatrix} b_1{}^\beta \\ b_2{}^\beta \\ \vdots \\ b_k{}^\beta \end{bmatrix}$$

を用いて,

$$\sum_{i=1}^{k} a_\beta{}^i b_i{}^\beta$$

を計算しても，前と同じ値が得られる．このことは，それぞれの変換則と，第4章第1節の式(7), (8)から確かめられる．したがってこの値は，ξ と η にしかよらない．それを $\langle \xi, \eta \rangle$ で表わせば，各点 x_0 で，$T(X)_{x_0}$ と $T^*(X)_{x_0}$ から任意にとった対 (ξ, η) に対して，実数の値 $\langle \xi, \eta \rangle$ が決まってくることになる．そのような意味で，$T(X)$ と $T^*(X)$ とは，互いに双対な束であるという．

接束と余接束の構成法の類似点を取り出して，構成の骨組みを見れば，上の構成法は次のようにまとめられる．X の各局所座標近傍 $V_\alpha (\alpha \in A)$ に対して，V_α と l 次元実空間 $\boldsymbol{R}^l$ の直積 $V_\alpha \times \boldsymbol{R}^l$ が与えられ，$V_\alpha \cap V_\beta \neq \emptyset$ のときに，$V_\alpha \times \boldsymbol{R}^l$ と $V_\beta \times \boldsymbol{R}^l$ を，$V_\alpha \cap V_\beta$ 上で適当に貼り合わす規則が与えられていれば，各々の $V_\alpha \times \boldsymbol{R}^l$ を，$V_\alpha \cap V_\beta \neq \emptyset$ のところですべて貼り合わせてしまうことにより，新しい多様体が得られるだろう．実際，接束の場合は，各々の $V_\alpha \times \boldsymbol{R}^k$ を，重なり目でヤコビ行列 $J(\psi/\varphi)$ で貼り合わせており，余接束のときには，${}^t J(\varphi/\psi)$ で貼り合わせている．一般の場合には，貼り合わす規則としては，どれだけのことを要請しておかなくてはならないかを明らかにしておかな

くてはならないが、ここではそこまでは立ち入らないことにしよう。したがって、大体の概念を示唆しているに過ぎないことになるが、このような構成法で得られた多様体を、一般に、X 上の次元が l の**ベクトル束**というのである。

ベクトル束の一番簡単な例として、円周 S^1 上の 1 次元のベクトル束のことを述べておこう。S^1 は、数直線上の開区間 $V_1=(-3, 0)$ と $V_2=(0, 3)$ を、図 102（Ⅰ），（Ⅱ）で示しているように、両端の部分 A, B を貼り合わせて得られていると考えよう。S^1 上の 1 次元のベクトル束を得るために、$V_1\times \boldsymbol{R}$ と $V_2\times \boldsymbol{R}$ を両端の部分 A, B 上で貼り合わせてみる。一番自然な貼り方は、そのまま貼ってしまうことである。もう少し正確にいえば、$V_1\times \boldsymbol{R}$ の点 (x, a) と $V_2\times \boldsymbol{R}$ の点 (y, b) を、x と y が A, B の部分にあって、S^1 上の点として等しく、かつ $a=b$ のときに等しいとして、同一視してしまうのである。そのようにすると、S^1 上の、両方の方向に無限に延びている円柱 $S^1\times \boldsymbol{R}$ が得られる。

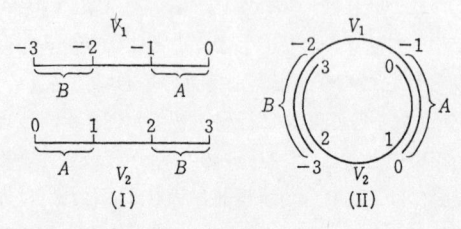

図 102

別の貼り方としては，A の部分ではそのまま貼るが，B の部分では，ねじって貼るという貼り方がある．すなわち，A の部分の貼り方は前と同様であるが，B の部分では，(x, a) と (y, b) が，S^1 の点として x と y が等しく，かつ $a = -b$ のとき，同一視してしまうのである．このようにして貼ると，よく知られた無限に延びているメービゥスの帯が得られる（図103）．

S^1 上の1次元のベクトル束は，本質的にはこの2つしかないことが知られている．接束，余接束の構成は抽象的なものだったが，このような構成法は，メービゥスの帯のような，もっと幾何学的な図形の構成にも，すでに使われていたわけである．

多様体 X 上の l 次元のベクトル束は，X 上の各点で，局所的に与えられた $\boldsymbol{R}^l$ を貼り合わせて得られるものであるが，貼り合わせる空間 $\boldsymbol{R}^l$ は（'速度表示板' や '偏導関数

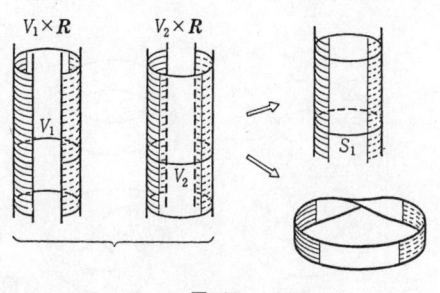

図103

表示板'のようなものは)，場合によっては，ベクトル空間でない方が都合のよいときもあるだろう．たとえば，上で述べたように，円周上で，局所的には実数で表わされる量を表示するためには，円周上の1次元のベクトル束，すなわち円柱か，メービウスの帯を用意しておくとよい．しかし，円周上の各点で，周期2πをもって変動するような量を表示する必要があるときには，このような量の表示板としては，$\boldsymbol{R}$を用いるよりは，円周S^1を採用しておいた方がよいだろう．実際この場合には，前と同じ記号を用いれば，$V_1 \times S^1$と$V_2 \times S^1$とを，重なり目A, B上でどのように貼るかが問題となってくる．そのまま自然に貼ればドーナツ面となるが，メービウスの帯のようにねじって貼れば，クラインの壺となる（図104）．ここにまた，S^1上の各点での周期的な量の，大域的な表現の場として，よく知られた曲面が登場してくる．

多様体X上で，Xの各点に単にベクトル空間ではなく

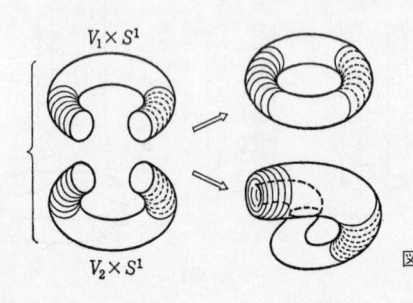

図104

て，もっと一般の空間（それをファイバーというが）を与えておいて（上の例では円周），それらを適当に貼って，新しい多様体を得ることができる．このようにして得られる多様体を，X上の**ファイバー束**という．ドーナツ面と，クラインの壺は，S^1上の，ファイバーがS^1の，ファイバー束の例を与えている．

接束，余接束の構成法を抽象化していけば，このようにして，ベクトル束，ファイバー束への一般論へ進むことになってくる．それは多様体を学ぶ者にとって必須のコースであろうが，ここではそこまで触れるつもりはない．

私がここで特に強調しておきたいことは，接束と余接束にみられる構成法の形式的な類似よりは，むしろ，この2つの束の構成を必要とした本質的な理由の類似点である．

接束は，微分するという概念，または微分する方向という概念を多様体上にどのように定式化したらよいかという問題から，必然的に生まれてきた．一方，余接束は，各局所座標で定義されている偏導関数から，多様体全体で，意味のある'全微分'の概念を導入する必然性から生まれてきた．

前にも強調しておいたように，多様体上の滑らかさに関係する概念は，すべて局所座標の表現を通して得られるものである．多様体上の固有な量，または性質といっても，それが滑らかさに関係するものならば，直接であれ，間接であれ，局所座標の表現をどこかで経由している．多様体

は，局所座標による，ユークリッド空間上への，表現の海に漂っている．したがって，多様体上に，ある概念，またはある性質を導入してそれを記述しようとすれば，それは，本来は，この表現の海を通すことによって，はじめて可能となることである．

したがって次のようなことになってくる．多様体上の概念，あるいは性質は，局所座標の表現によって把握され，記述されてくるが，これらを記述する形式は，一般には局所座標のとり方によって異なった表現の形式をとるから，単純な記述を必ずしも許さなくなってくる．

接束と余接束の場合を考え直してみれば，私たちは，局所座標のとり方による表現形式の違いが，逆に'表現の場'を新たに構成する手がかりを与えているのだと考えるべきであろう．表現形式の違いが，ヤコビ行列，または${}^tJ(\varphi/\phi)$の形で提示されたから，私たちは，そこから接束，または余接束を構成して，表現の形式の違いをその束の中に吸収して，多様体上全体で成り立つ表現を得たのであった．

多様体上での概念，または性質を記述するためには，多様体の場そのものが局所座標の表現によっている以上，この記述を局所座標上から多様体全域に拡げるとき，'記述の場'または'表現の場'を設定しておく必要が生じてくるのである．接束，または余接束のときには，表現すべき内容は，局所的には，多様体の次元に等しいk個のパラメーター（接ベクトル，または余接ベクトルの成分）に盛る

ことができたから，'表現の場'は，k次元のベクトル束となったのである．

もし，表現すべき内容が多い概念，または性質であったなら，多様体上に，もっと高次の概念を構成しておく必要があったであろう．このようにして，多様体上の滑らかな性質は，一般には，多様体上に，より高い場（それは，一般には必ずしも束として表わされるとは限らないだろうが）の構成を促してくる．多様体の内蔵する性質の深さは，表現の複雑さを誘い，それは，表現を'表現する場'の次元を高めていくことにより，高次元のもつ多様さの中に吸収され，簡明化された形で定式化されてくる．この過程で，多様体上の多くの性質は，幾何学的な表現をかちとってくることになる．ここで繰り展げられる高次元の多様な世界こそ，まさに多様体の世界である．

他方，接束，余接束，一般に束は，それ自身，再び多様体となっている．これらの多様体の幾何学的構造を詳しく調べることは，実は，これらの束を生む契機を与えた，最初の基礎にある多様体の構造を知る手がかりを与えるのである．表現するものと，表現されるものが，ここでは渾然一体となってくる．テンソルや，不変式の立場では，このような観点は決して得られなかったのである．

このような方向を示す定理として，ここでは，1962年にアダムスが与えた，球面上の1次独立なベクトル場の個数に関する，決定的な結果について述べてみよう．問題は次

のようなところから始まった.

k次元球面S^kの接束$T(S^k)$を考えよう. S^kは, 北半球S_+^kと南半球S_-^kを赤道面で少し延ばして得られる2枚の局所座標近傍で蔽われてしまう. この各々の上で$T(S^k)$は, $S_+^k \times \boldsymbol{R}^k$, $S_-^k \times \boldsymbol{R}^k$と表現されている. それでは, それらをヤコビ行列で貼り合わせれば

(?) $\qquad T(S^k) \cong S^k \times \boldsymbol{R}^k$

となってしまうのではなかろうか. ところが, これは決して自明なことではないのである. なぜなら北半球上で$\boldsymbol{R}^k$の基底$(1, 0, \cdots, 0)$, $(0, 1, 0, \cdots, 0)$, $\cdots$, $(0, 0, \cdots, 0, 1)$に対応する接ベクトルは, 全体として, 北半球上でのk個のベクトル場$\xi_1, \xi_2, \cdots, \xi_k$を定義するが, 赤道面に沿ってヤコビ行列を作用させて, 南半球上に移すと, 今度は, 赤道面上で複雑に変化するベクトル場となってきて(ヤコビ行列が, 赤道面上で変化しているから!), これらが, 基底としての独立性を保ちながら, 南半球全体へ拡張されるかどうかわからなくなってしまうからである.

(?)が成り立つということは, 直観的には, 球面の各点に, 独立な方向を張るk個のベクトルがあって, それらは, S^k上で点が動くにつれ, 連続的に動くように分布しているということである.

偶数次元の球面では, (?)が絶対成り立たないことは, かなり昔から知られていた. 1950年代の後半になって, ある深い結果を用いることにより, (?)が成り立つようなk

は，非常に例外的な場合に限ることが証明された．このとき得られた答は，（？）が成り立つのは，S^1, S^3, S^7 の3つの場合だけであるということであった．

それでは，k 次元球面 S^k 上の各点に，1次独立な何本の接ベクトルが連続的に分布しているのだろうか．（この場合は，連続的な分布といっても滑らかな分布といっても，同じ結果に導くことが知られている．）換言すれば，S^k 上の1次独立なベクトル場の最大個数は何本なのだろうか．上に述べた結果は，この個数がちょうど k になるのは，$k=1, 3, 7$ のとき，またそのときに限るということであった．ここでも，球面の次元が不思議な形で登場している．しかし，アダムスの定理ではもっと不思議な形で次元が関係してくる．

アダムスの定理のふつうの書き方に揃えるために，k を $k-1$ におきかえて，S^{k-1} 上での1次独立なベクトル場の個数を問題としよう．まず，k を2で割れるだけ割ってみると

$$k = (2a+1)2^b$$

の形となる．次にこの b を4で割って，商を d，余りを c とする：

$$b = c+4d, \quad 0 \leq c \leq 3.$$

そのとき，

定理 S^{k-1} 上の1次独立なベクトル場の最大個数は

$$2^c + 8d - 1$$

である.

たとえば，S^7 のときには，$k-1=7$，$k=8$ で，$a=0$，$b=3$ である．したがって $c=3$，$d=0$．ゆえに 1 次独立なベクトル場の最大個数は，前に述べたように球面の次元 7 に一致している．

この定理を見ていると，次元というものが，私たちにはほとんど窺い知ることもできないような神秘性をたたえていることがよくわかる．そしてまた読者は，このようなところまで明らかにした現代数学の進歩に，ある種の驚きを感じられるかもしれない．この定理の証明については，サーティ編"現代の数学Ｉ"（岩波書店）の中に，アイレンベルクによるすぐれた解説がある．

アダムスの定理で見てもわかるように，偏導関数という概念をどのように導入するかということから，多様体上で定式化され，表現されてきたベクトル場は，逆に，今度は，多様体上の幾何学的構造の深さを示すようにはたらいてきている．多様体上で数学が展開する際，このような動きは常に行われている．

多様体全体は，いわば，常に表現の世界の中で生きている．表現するものと，表現されるものとが，相互にかかわり合って，はたらき合いながら，現代数学をしだいしだい

に，予想もしなかったような深い世界へと導いていく．私たち自身も，結局は，このような世界へ取りこまれているのかもしれない．数学が，私たちをどこまで運んでいくのか，私たちは誰も知らない．

最近ではまた，多様体上で展開している数学は，それ自身のもつ，表現の力に対する明確な自覚に立ちながら，力学系，理論物理学，生物学，経済学等，数学の外の世界に対しても，積極的にはたらきかけていくようになってきている．

現代数学が，現在はっきりと明示している，この内なる世界と，外なる世界への強いはたらきかけの方向が，近い将来，どのように結ばれ，私たちがこれまで知ることもなかったような，新しい数学の世界を形成していくようになるかは，今はまだ予測の限りではない．そのような時がもしくるならば，本書で述べてきたような数学観もまた変転していくであろう．数学も，時の流れとともに，流れ続けていく．

現代数学の世界への，私の招待もここで終りとなるが，現代数学は，今もなお深まり，拡がりゆく世界を目指して進んでいる．

あとがき[*]

　多様体は，現代数学がはたらく場として，数学の発展とともに，ますますその重要さを増してきている．現代数学は，多様体という媒介を経なければ，その視点を明らかにすることができないようにさえなってきている．私は，かねがね，多様体のもつこのような力はどこから湧いてくるのか，明らかにしてみたいと考えていた．二三，エッセーめいたものを書く機会が与えられたとき，このことを考えてみたが，そのとき私は十分納得する形での答は得られなかった．私の心には，何か判然としないものが残っていた．

　多様体の定義を見る限り，それは特に難かしいものでもないし，概念に少し馴れれば，むしろ平明の感さえ呈しているといってよい．多様体の本性は，その定義にあるというより，定義の奥に深く隠された，現代数学の思想にあるのかもしれない．この思想は，数学が，20世紀前半の抽象数学から，現代数学へと乗り移っていったときにもはたら

---

[*] このあとがきは，本書の初版が1979年に岩波書店から刊行されたときに付されたものである．

いていたに違いない.

　しかし精密な論理と,高度な,完成した形式の中で行なわれている数学の推論の中に,果してこのような思想を見出すことはできるのだろうか.数学は,私たちに,そのもつ思想性を,取り出して自覚させるようなはたらきかけを示してはくれない.私たちもまた,ふつうは,数学の流れの中にいるという感じを抱くだけで,それ以上のものを敢えて求めはしない.

　実際,数学は,数学の中で語れば十分である.これははっきりした,確実な考えである.だが,この考えに徹底すれば,現代数学の世界は,数学者だけが入り込める孤高の世界ということになってくる.かつて数学がそうであったように,現代数学を支える考えも,それを明示することができるならば,あるいは,ほかの世界にもはたらきかけることがあるかもしれない.専門化へ進む方向と,まったく別の方向を模索してみることも,時には,必要なことではなかろうか.

　そのような考えがあったために,岩波書店の方から,多様体についての,高校生でも読めるような解説書を書いてみないかとお勧めがあったとき,私は,これを引きうけて,この機会に,私自身の中にある多様体についての釈然としない思いを,はっきりさせたいと思った.そのときの考えでは,現代数学を支えている思想が深ければ深いだけ,かえってその真の姿は,平明な形をとっているのではなかろ

うかということであった.

しかし,もとより成算があったわけではない.書いてみたいという気持はあったが,すべての構想の完結をまって執筆をはじめたわけではない.自分自身に語りかけ,納得するような形で書いていけば,少しずつ多様体は,その姿を示してくれるのではなかろうかというような,あてどもない気持で筆をとりはじめた.

書き上げてみると,結局,私の示したかったのは,多様体は,現代数学の表現の世界の中にあるということであると,わかった.そしてまた,現代数学全体が,明確に自覚された表現によって支えられているという感じを抱くに至った.この表現は,表現する力によって自ら動き出す.実際表現するものと,表現されるものは,現代数学の中ではすでに分かち難い様相をもっており,その様相が,また新しい数学を展開する力となっている.多様体と現代数学が表裏の関係にあるのも,また同じ事情によっている.

読者は,さらに,トポロジーとか,微分幾何とか,解析学とか,あるいは代数幾何等が,この多様体を媒介としながら,どのように現代数学の中で展開しているかを知りたくなられたかもしれない.それを述べることはまた新しい主題を形づくることになるであろうが,読者に少しでもそのような心を惹き起させたとすれば,本書の役目はすでに終ったのである.

文庫版あとがき

　本書を執筆してから 30 年以上の歳月がたった．今回改めてちくま学芸文庫の一冊として刊行されることになったが，そこには多様体について，著者としての多少の感慨もある．

　1954 年の秋，当時私は東大で学んでいたが，友人と喫茶店でくつろいでいたとき，突然友人が声をひそめるようにして「これから多様体というものが，数学の大きな対象となりそうだ」と私に告げた．当時私は多様体という言葉さえ知らず，その言葉で突然秘密の扉の前に立たされたような気持ちになった．

　多様体という概念が明確に示されたのは，1936 年のウィットニーの 'Differentiable Manifolds' という歴史的な論文が最初であったが，この概念が広く数学の中で活発に動き出すのは，1950 年以降のことであった．

　多様体はまず，20 世紀前半に生まれた代数的トポロジーが高次元の中で活発に展開する場となったが，やがてその上に解析学も展開するようになり，多様体上にはトポロジーと解析学が 1 つになって融合し，そこに深遠な数学がひ

らかれていくようになった．20世紀後半の数学は，多様体上で大きく渦巻いて展開するようになり，それまでの数学の景観を一変させてしまった．

多様体自体はもちろん数学の抽象概念であるが，多様体上ではたらく深い数学は，抽象と具象の世界が融合した美しく深い数学の姿を私たちの前に開示してくるようになった．20世紀後半の数学の中からは，いつの間にか抽象数学や具象数学という言葉は消えてしまったのである．

多様体は，いまでは完全に数学の基礎概念となったが，それでも数学に関心のある人たちがそこへ分け入って行く道をどこへ求めてよいかは，なかなか難かしいことのようにみえる．古い記憶を辿ることになるが，私が最初にこのような本を著わしてみようと思った動機は，できればその道を少しでも切り拓いておきたいということにあったのではないかと思う．

この書が，いまでも現代数学へ向けて最初の一歩を踏み出そうとする人たちに，少しでもお役に立つことがあればと願っている．

2013年5月

著　者

本書は一九七九年十二月十日、岩波書店より刊行された。

ちくま学芸文庫

現代数学への招待 多様体とは何か

二〇一三年八月十日 第一刷発行
二〇二二年五月十五日 第三刷発行

著　者　志賀浩二（しが・こうじ）
発行者　喜入冬子
発行所　株式会社　筑摩書房
　　　　東京都台東区蔵前二-五-三　〒一一一-八七五五
　　　　電話番号　〇三-五六八七-二六〇一（代表）
装幀者　安野光雅
印刷所　株式会社加藤文明社
製本所　株式会社積信堂

乱丁・落丁本の場合は、送料小社負担でお取り替えいたします。
本書をコピー、スキャニング等の方法により無許諾で複製する
ことは、法令に規定された場合を除いて禁止されています。請
負業者等の第三者によるデジタル化は一切認められていません
ので、ご注意ください。

© KOJI SHIGA 2013 Printed in Japan
ISBN978-4-480-09565-8 C0141